中餐烹調 丙級
完勝密技　葷食

鄭至耀、李舒羽　著

中華民族的烹調技法，一直是傲立世界各國的烹調菜系之一，而各國菜系中又以中菜，最注重刀工的要求。古人有云：「七分刀工、三分火侯」，從此便可瞭解中餐料理對於刀工的要求與期待。

　　我國的中餐烹調證照已實施多年，在國內餐飲專家持續的研討與鑽研下，目前的術科考題，可謂是基本刀工與烹調技法兼具。

　　本書依勞動部勞力發展署技能檢定中心，最新公告的「中餐烹調（葷食）」丙級技術士考題為依據，從受評刀工、各式水花、基礎盤飾到烹調技法（蒸、炸、焗、炒、爆、燴、溜、羹、煎、燒、燜、拌），皆能清楚有序的輔助教導，編撰方式以實際考試為出發點，除了各式基本須知，也加碼收錄刀工、水花、盤飾，輔以簡約精美的版型與配色，編排處處可見巧思，讓讀者一目了然，快速學習。

　　期盼本書能幫助您順利取得證照！如果本書能給您一點幫助，將是我們最大的喜悅，祝福大家一切順心，金榜題名。

感謝協助拍攝同學：
王志安、徐欣、簡曼婕、王佳婕、黃家豪、戴建弘

鄭至耀

臺灣在經濟迅速發展與環境變遷下，對於生活的品質是不斷的要求與提升，對於早期的飲食文化與習慣，從勤儉溫飽到大魚大肉再到近年吃到飽的消費型態模式已過時，現今在用餐環境與技術層次不斷提升的同時，需求上已漸漸轉化為精緻化、多元化、多樣化進行中。同時也凸顯出「食安」問題亦越趨重要，政府順應世界趨勢極力推廣「證照制度」並且將技術教育與專業知識的落實徹底執行，帶動了社會大眾對餐飲證照制度的認可與認同，建立了求職或創業需備有專業證照的觀念。

　　政府為促進專業技能的精進與提升，使技術人力更加專業化，因而透過分級的技能檢定，以學科的筆試和現場實作的術科測試方式，鑑定受檢者的專業技術是否達到分級規定的標準，合格者由政府或授權機關學校頒發該級別技能證照，以作為將來從事餐飲工作的門檻與創業的憑證。

　　本書根據作者多年教學經驗與心得編譯，以協助讀者輕鬆取得中餐烹調葷食丙級技術士證照為目標，課程內容依照勞動部勞動力發展署技能檢定中心公布之最新「中餐烹調葷食丙級技能檢定應檢資料」教學。將規範之產品製作方法與技巧以步驟分解圖、成品圖與詳細製作說明，用淺顯易懂方式呈現使讀著輕鬆領略製作技術上的精隨所在，達事半功倍之效進而取得證照。

　　本書簡明易懂從撰寫到出版過程中以最嚴謹的態度力求完善，期望對讀者在製作過程中有所助益，雖力求完善但仍會有部分疏漏及誤植之處，請讀者與諸位先進前輩不吝指正賜教 謝謝。

李舒羽

目錄

- 08　Part A、報名資格

Part B、術科測試應檢人須知
- 014　一、一般說明
- 015　二、應檢人自備工（用）具
- 016　三、應檢人服裝參考圖
- 017　四、測試時間配當表

Part C、術科測試參考試題
- 018　一、共通原則說明
- 022　二、參考烹調須知
- 　　　三、測試題組內容

Part D、術科測試評審標準及評審表
- 023　一、評審標準
- 024　二、技術士技能檢定中餐烹調丙級葷食項衛生評分標準
- 028　刀工總表
- 032　刀工示範
- 060　水花總表
- 061　水花示範
- 069　盤飾總表
- 070　盤飾示範
- 075　三段式打蛋法

Part E、術科全解析：301 大題總表

301-1　材料清點卡、刀工作品規格卡、烹調指引卡
- 080　第一階段
- 081　青椒炒肉絲
- 082　茄汁燴魚片
- 083　乾煸四季豆

301-2　材料清點卡、刀工作品規格卡、烹調指引卡
- 086　第一階段
- 087　燴三色肉片
- 088　五柳溜魚條
- 089　馬鈴薯炒雞絲

301-3　材料清點卡、刀工作品規格卡、烹調指引卡
- 092　第一階段
- 093　蛋白雞茸羹
- 094　菊花溜魚球
- 095　竹筍炒肉絲

301-4　材料清點卡、刀工作品規格卡、烹調指引卡
- 098　第一階段
- 099　黑胡椒豬柳
- 100　香酥花枝絲
- 101　薑絲魚片湯

301-5　材料清點卡、刀工作品規格卡、烹調指引卡
- 104　第一階段
- 105　香菇肉絲油飯
- 106　炸鮮魚條
- 107　燴三鮮

301-6　材料清點卡、刀工作品規格卡、烹調指引卡
- 110　第一階段
- 111　糖醋瓦片魚
- 112　燜燒辣味茄條
- 113　炒三色肉丁

301-7　材料清點卡、刀工作品規格卡、烹調指引卡
- 116　第一階段
- 117　榨菜炒肉片
- 118　香酥杏鮑菇
- 119　三色豆腐羹

301-8　材料清點卡、刀工作品規格卡、烹調指引卡
- 122　第一階段
- 123　脆溜麻辣雞球
- 124　銀芽炒雙絲
- 125　素燴三色杏鮑菇

301-9　材料清點卡、刀工作品規格卡、烹調指引卡
- 128　第一階段
- 129　五香炸肉條
- 130　三色煎蛋
- 131　三色冬瓜捲

301-10　材料清點卡、刀工作品規格卡、烹調指引卡
- 134　第一階段
- 135　涼拌豆干雞絲
- 136　辣豉椒炒肉丁
- 137　醬燒筍塊

301-11　材料清點卡、刀工作品規格卡、烹調指引卡

140	第一階段
141	燴咖哩雞片
142	酸菜炒肉絲
143	三絲淋蛋餃

301-12　材料清點卡、刀工作品規格卡、烹調指引卡

146	第一階段
147	雞肉麻油飯
148	玉米炒肉末
149	紅燒茄段

Part F、術科全解析：302 大題總表

302-1　材料清點卡、刀工作品規格卡、烹調指引卡

154	第一階段
155	西芹炒雞片
156	三絲淋蒸蛋
157	紅燒杏菇塊

302-2　材料清點卡、刀工作品規格卡、烹調指引卡

160	第一階段
161	糖醋排骨
162	三色炒雞片
163	麻辣豆腐丁

302-3　材料清點卡、刀工作品規格卡、烹調指引卡

166	第一階段
167	三色炒雞絲
168	火腿冬瓜夾
169	鹹蛋黃炒杏菇條

302-4　材料清點卡、刀工作品規格卡、烹調指引卡

172	第一階段
173	鹹酥雞
174	家常煎豆腐
175	木耳炒三絲

302-5　材料清點卡、刀工作品規格卡、烹調指引卡

178	第一階段
179	三色雞絲羹
180	炒梳片鮮筍
181	西芹拌豆干絲

302-6　材料清點卡、刀工作品規格卡、烹調指引卡

184	第一階段
185	三絲魚捲
186	焦溜豆腐塊
187	竹筍炒三絲

302-7　材料清點卡、刀工作品規格卡、烹調指引卡

190	第一階段
191	薑味麻油肉片
192	醬燒煎鮮魚
193	竹筍炒肉丁

302-8　材料清點卡、刀工作品規格卡、烹調指引卡

196	第一階段
197	豆薯炒豬肉鬆
198	麻辣溜雞丁
199	香菇素燴三色

302-9　材料清點卡、刀工作品規格卡、烹調指引卡

202	第一階段
203	鹹蛋黃炒薯條
204	燴素什錦
205	脆溜荔枝肉

302-10　材料清點卡、刀工作品規格卡、烹調指引卡

208	第一階段
209	滑炒三椒雞柳
210	酒釀魚片
211	麻辣金銀蛋

302-11　材料清點卡、刀工作品規格卡、烹調指引卡

214	第一階段
215	黑胡椒溜雞片
216	蔥燒豆腐
217	三椒炒肉絲

302-12　材料清點卡、刀工作品規格卡、烹調指引卡

220	第一階段
221	馬鈴薯燒排骨
222	香菇蛋酥燜白菜
223	五彩杏菇丁

學科試題連結

勞動部勞動力發展署
技能檢定中心

學／術科
測試參考資料

Part A、報名資格

考生身分	報檢資格	繳驗證件	報名費用
一般身分	年滿 15 歲或國中畢業	1. 報名表 2. 國民身分證影印本 2 份 3. 一吋正面半身脫帽相片 2 張	審查費：150 元 學科：120 元 術科：1630 元 合計：1900 元
資深廚師（限報考第二梯次，各項條件須同時具備）	1. 民國 45 年 8 月 31 日以前出生 2. 國小畢（肄）業，或未受國小教育者 3. 相關廚師工作年資 15 年以上且現在仍在職	1. 報名表 2. 國民身分證影印本 2 份 3. 一吋正面半身脫帽相片 2 張 4. 其他資格身分證明文件（詳如技能檢定簡章內應附資格身分證明文件，及身分別申請資格與證明文件認定說明）	審查費：150 元 學科：120 元 術科：1630 元 合計：1900 元
免考術科考生（特殊考生）	參加技能（藝）競賽得申請免試術科測試者規定如下： 1. 國際技能競賽前三名或獲得優勝獎，自獲獎之日起五年內，參加相關職類各級技能檢定者 2. 全國技能競賽成績及格者之日起三年內，參加相關職類各級技能乙級或丙級技能檢定者 3. 經中央主管機關認可之機關（機構）學校或法人團體舉辦之技能及技藝競賽前三名，自獲獎之日起三年內，參加相關職類丙級技能檢定者	1. 報名表 2. 國民身分證影印本 2 份 3. 一吋正面半身脫帽相片 2 張 4. 獎狀及競賽資格成績證明影印本	審查費：150 元 學科：120 元 合計：270 元
特定對象身分別	1. 獨力負擔家計者 2. 中高齡失業者 3. 身心障礙者 4. 原住民 5. 低收入戶 6. 中低收入戶 7. 更生受保護人 8. 長期失業者 9. 二度就業婦女 10. 家庭暴力被害人 11. 其他經主管機關指定者	1. 報名表 2. 國民身分證影印本 2 份 3. 一吋正面半身脫帽相片 2 張 4. 特定對象參加技術士技能檢定補助申請書 5. 其他資格身分證明文件（詳如技能檢定簡章內應附資格身分證明文件及身分別申請資格與證明文件認定說明）	

全國技術士檢定，報名程序重點說明

一、報名表購買（報名表販售時間）

(一) 購買時間：每年分為三梯次檢定時間進行，簡章販售時間分別為：第一梯次約為1月上旬；第二梯次約為4月底；第三梯次約為8月底；報名日期以簡章公告為主。

(二) 少量購買：於販售期間至全國之全家便利商店、萊爾富便利商店、OK超商、臺北市職能發展學院購買。

(三) 大量或少量購買：發展署技能檢定中心技能檢定服務窗口、各縣市簡章販售點或洽技專校院入學測驗中心技能檢定專案室（販售期間可電洽：05-5360800詢問或逕至事務資訊網站「http://skill.tcte.edu.tw」查詢）

二、報名資料準備

(一) 報名表正表及副表各欄位請以正楷詳細填寫，並貼妥身分證影本及二年內一吋彩色正面半身脫帽照片(一式2張，不得使用生活照)，字跡勿潦草，所留資料必須正確，以免造成資料建檔錯誤；若報檢人填寫或委託他人填寫之資料不實，而造成個人權益損失者，請自行負責。

(二) 檢附報名所需資格證件影印本，請於各影印本明顯處親自簽名或蓋章，並書寫「與正本相符，如有偽造自負法律責任」。

(三) 報名所需資格證件請詳閱簡章內容，並報檢資格為年滿15歲者，報名表填寫正確並貼妥身分證影印本及相片一式2張即可；持3年內術科及格成績單申請免試術科，檢附成績單影印本並親自簽名或蓋章切結，不須另外檢附資格證件。

(四) 身心障礙者或符合特殊教育法第3條障礙類別需提供協助者、符合口唸試題申請資格者(限定職類)、特定對象及屬受貿易自由化衝擊產業之勞工申請補助報名費者，請另填申請書；報名時未檢附申請書者，不得事後申請。

三、郵寄報名表件

報檢人可就下列方式擇一報名：

(一) 團體報名：

1. 十五人以上得採團體報名，採團體報名者，每份團體報名清冊限報名同一考區，報檢人報名表書寫之考區名稱若與團報清冊上之考區不一致時，請使用個別報名方式報名，否則將逕行安排於清冊上之考區應檢，報檢人不得有異議。

2. 請報檢人詳細填寫報名書表，並檢附資格證件影本統一繳交團體承辦人，副表之團體報名欄位請蓋團體章，由團體承辦人確認報檢人數與總報名費用後，於各梯次報名受理期間，將團報清冊、劃撥收據及所有報檢人報名表件統一彙寄至技專校院入學測驗中心技能檢定專案室。為便利團體承辦人辦理報名作業，報名前可至試務資訊網站(http://skill.tcte.edu.tw)之「團體報名單位報名前登錄系統」登錄報檢人各職類/級別/免試別之報檢人數，由系統自動核算經費並列印郵政劃撥儲金特戶存款單與團報清冊。

（二）個別報名：

1. 通信報名：請報檢人詳細填寫報名書表並檢附資格證件影本，於劃撥報名費用後，檢附收據正本，連同報名資格證件一起寄出。

2. 網路報名：請於完成網路報名後，自行下載列印報名表（正表與副表）及繳費單，進行繳費程序，並將完成繳費之繳費單收據正本黏貼於報名表，連同報名表及資格證件影本一起寄出。

四、資格審查不符者

報檢人資料經審查如須補繳報名費用或相關證明文件，承辦單位將以電話或簡訊或電子郵件或書面擇一通知（以簡訊或電子郵件或書面方式通知者，視為完成通知）。報檢人應確保所提供之行動電話號碼、電子郵件信箱等通訊資料正確無誤且可正常使用，以備承辦單位通知，並適時查閱承辦單位之通知。報檢人接獲承辦單位補件通知，應於通知限定之期日內補齊，逾時仍未補齊費用或文件者，逕予退件。報檢人未收到補件通知之原因，不可歸責於承辦單位，致補件逾期者，逕予退件，報檢人不得異議。資格審查不符（含申請特定對象補助）者，報名表及相關資格證件（含影本）由承辦單位備查不退回，本年度結束後逕行銷毀。

五、繳納報名費及核發准考證

（一）團體報名：報名費請以團體為單位一筆先行繳納，資格審查通過後，准考證統一寄送團體承辦人，成績單及術科通知單個別寄送。

（二）個別報名：請確認報考職類級別並先行繳費，資格審查通過後，依通信地址寄送准考證。※ **未於規定期限繳納報名費者視同未完成報名手續。**

六、前後梯次均有辦理之職類，前一梯次術科測試成績尚未公佈，請自行斟酌是否報名本梯次；凡完成報名手續且繳交費用者，除符合試場規則第17條第2～4項者外，報檢人不得以任何理由要求退費。

報名方式及繳費流程圖（採網路報名者請參閱 P.13 報名流程）

一般報名流程及報名方式：

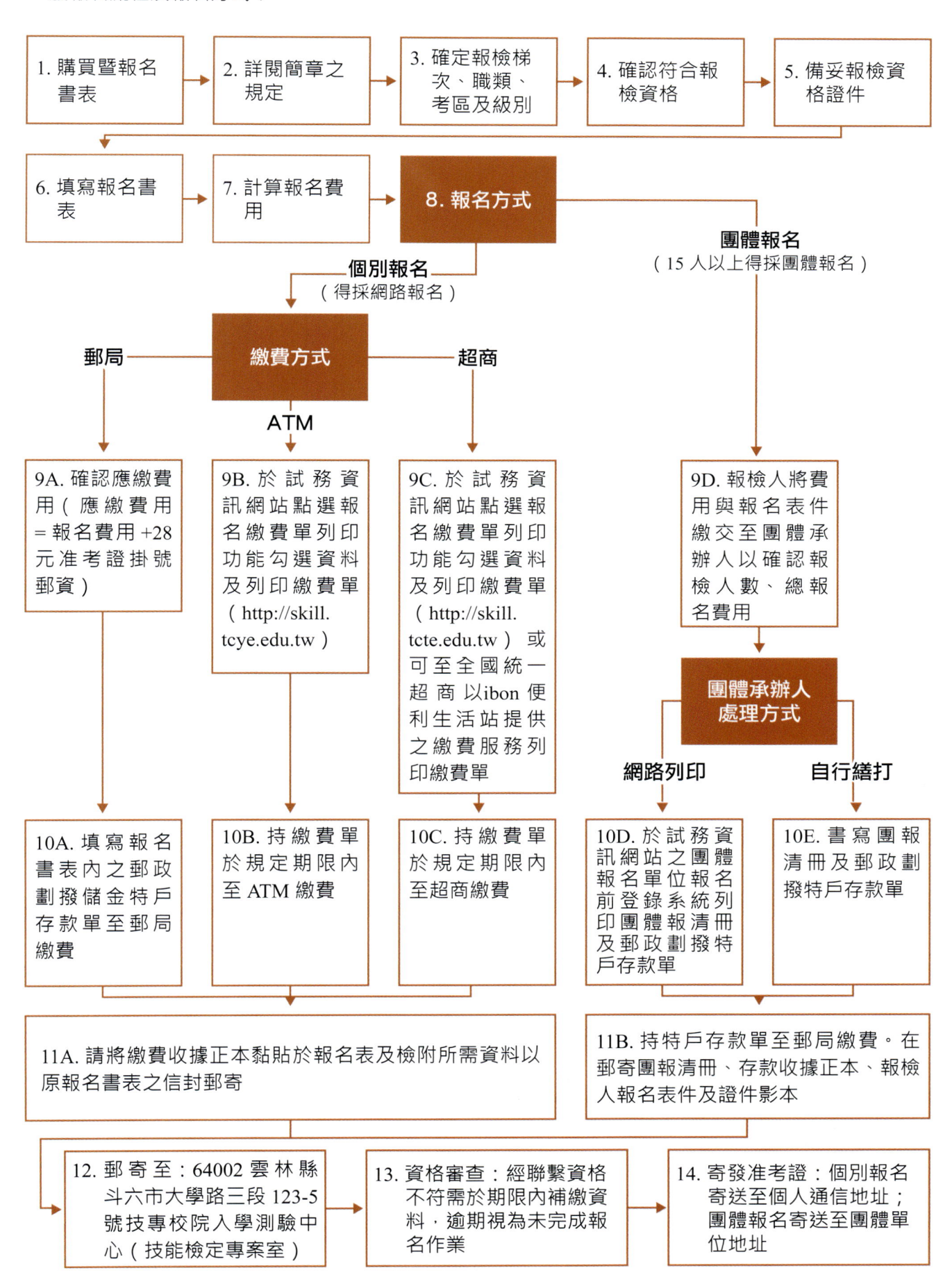

1. 購買暨報名書表 → 2. 詳閱簡章之規定 → 3. 確定報檢梯次、職類、考區及級別 → 4. 確認符合報檢資格 → 5. 備妥報檢資格證件 → 6. 填寫報名書表 → 7. 計算報名費用 → **8. 報名方式**

8. 報名方式 分為：

個別報名（得採網路報名）

繳費方式：郵局／ATM／超商

- **郵局**：9A. 確認應繳費用（應繳費用 = 報名費用 +28 元准考證掛號郵資）→ 10A. 填寫報名書表內之郵政劃撥儲金特戶存款單至郵局繳費
- **ATM**：9B. 於試務資訊網站點選報名繳費單列印功能勾選資料及列印繳費單（http://skill.tcye.edu.tw）→ 10B. 持繳費單於規定期限內至 ATM 繳費
- **超商**：9C. 於試務資訊網站點選報名繳費單列印功能勾選資料及列印繳費單（http://skill.tcte.edu.tw）或可至全國統一超商以 ibon 便利生活站提供之繳費服務列印繳費單 → 10C. 持繳費單於規定期限內至超商繳費

11A. 請將繳費收據正本黏貼於報名表及檢附所需資料以原報名書表之信封郵寄

團體報名（15 人以上得採團體報名）

9D. 報檢人將費用與報名表件繳交至團體承辦人以確認報檢人數、總報名費用

團體承辦人處理方式：網路列印／自行繕打

- **網路列印**：10D. 於試務資訊網站之團體報名單位報名前登錄系統列印團體報清冊及郵政劃撥特戶存款單
- **自行繕打**：10E. 書寫團報清冊及郵政劃撥特戶存款單

11B. 持特戶存款單至郵局繳費。在郵寄團報清冊、存款收據正本、報檢人報名表件及證件影本

---

12. 郵寄至：64002 雲林縣斗六市大學路三段 123-5 號技專校院入學測驗中心（技能檢定專案室）

13. 資格審查：經聯繫資格不符需於期限內補繳資料，逾期視為未完成報名作業

14. 寄發准考證：個別報名寄送至個人通信地址；團體報名寄送至團體單位地址

A. 即測即評及發證技術士技能檢定簡章

(一) 簡章及報名書表販售期間及地點

1. 販售期間：自每年1月初至10月底止，確切販售時間請於1月至行政院勞工委員會中部辦公室網站查詢 http://www.wdasec.gov.tw/wdasecch/index.jsp。
2. 販售地點：至全國各超商或各即測即評學術測試、即測即評及發證承辦單位購買。

(二) 報檢人基本資料各欄（請務必填寫）

1. 中文姓名：依國民身分證上所登記姓名以正楷填寫，若報檢人所繳驗之證件與身分證姓名不一致者應檢附戶籍謄本或(新式)戶口名簿(詳細記事)影本佐證。
2. 英文姓名：報檢人請以端正字體書寫與護照相同之英文姓名，如未填寫，將逕以漢語拼音轉換，不得異議。（或查閱外交部領事事務局 http://www.boca.gov.tw/ 護照項下之護照外文姓名拼音參考）
3. 職類代號、職類名稱、職類項目：請參閱簡章「各梯次辦理職類與收費標準」填寫，職類代號、職類名稱及職類項目資料欄位有塗改，報檢人應於塗改處簽名或蓋章。
4. 身分證統一編號：依身分證統一編號由左至右依序填寫(外籍人士填寫統一證號)，若所繳驗之資格文件上身分證統一編號與身分證不一致者，應檢附戶籍謄本(含記事資料)或(新式)戶口名簿(詳細記事)影本佐證。
5. 出生年月日：依國民身分證上所記載之出生年月日填寫。
6. 聯絡方式：請填寫公司、住宅、行動電話、E-mail(使用e管家服務者請必填，並請填寫有效之電子郵件信箱，留有行動電話及E-mail資料者，將轉知權益相關訊息)。
7. 通信地址：准考證、退補件通知、學術科測試成績單，依此地址寄送(限臺灣地區，郵遞區號務必填寫)。
8. 戶籍地址：請填寫戶籍地址以便日後必要時聯絡。
9. 學歷：請勾選最高學歷(僅作資料統計用)。
10. 身分別：報檢人請依個人身分類別勾選。
11. 報名表務必完整詳實填寫，並須檢查檢附之證件是否齊全，確定無誤報檢人應於報檢人簽章處簽名，報名表各欄資料必須以正楷填寫，若因字跡潦草，導致資料錯誤，概由報檢人自行負責。
12. 完成報名手續後若基本資料各欄變更，請檢附相關證明文件並填寫資料變更申請單提出申請，以免權益受損。

(三) 報名地點及方式：

1. 地點：即測即評學術科測試發證各承辦單位，請參閱簡章說明資料。
2. 方式：請確認報檢梯次與職類，以現場報名為原則，可親自或委託他人代為報名。訂有名額限制之職類，1人至多可代理10人報名，惟承辦單位另有規定者，從其規定(請

至承辦單位網站查詢）。

（四）學術科考試日期： 由承辦單位統籌規劃，主辦測試前 10 日以掛號郵件通知，學術科測試於同日舉辦為原則，如同一職類報名人數超過或是少於基本測試辦理人數時，將依承辦單位另行安排時間或地點舉辦。

報名流程
全國各超商或各測試承辦單位現場購買報名表
▼
確定報檢　乙、丙級（單一）級即測即評及發證測試（含全測免學或免術）
▼
詳閱報名簡章
▼
確認報檢梯次與職類
▼
確認符合報檢資格
▼
備妥報檢資格證件
▼
填寫報名表 丙級（單一級）：淡橘色報名表 乙級：淡綠色報名表
▼
至承辦單位試務中心現場報名為原則
▼
資格審查
▼
現場繳費或依各承辦單位之繳費方式辦理
▼
報名完成
▼
承辦單位提供術科測試參考資料
▼
測試日起始日前 10 日內收到准考證（未收到者，務必聯繫承辦單位）
▼
依准考證指定之學術科測試日程準時應檢，遇有颱風、天災當地縣市政府停止上班上課，測試即停止辦理。測試日期另行通知，詳情請參閱承辦單位網站
▼
測試結束後，簽領成績單學術科及格者，現場繳交證照費 160 元， 等候簽名領取技術士證

Part B、術科測試應檢人須知

一、一般說明

（一）試題共有二大題，每大題各十二個小題組，每小題組各三道菜之組合菜單（試題編號：07602-104301、07602-104302）。每位應檢人依抽題辦法進行測試，第一階段「清洗、切配、工作區域清理」測試時間為 90 分鐘，第二階段「菜餚製作及工作區域清理並完成檢查」測試時間為 70 分鐘。技術士技能檢定中餐烹調（葷食）丙級術科測試以每日辦理二場次（上、下午各乙場）為原則。

（二）術科辦理單位於測試前 14 日，將術科測試參考資料寄送給應檢人。

（三）應檢人報到時應繳驗術科測試通知單、准考證、身分證或其他法定身分證件，並穿著依規定服裝方可入場應檢。

（四）術科測試抽題辦法如下：

1. 抽大題：測試當日上午場由術科測試編號最小之應檢人代表自二大題中抽出一大題測試，下午場抽籤前應先公告上午場抽出大題結果，不用再抽大題，直接測試另一大題。若當日僅有 1 場次，術科辦理單位應在檢定測試前 3 天內（若遇市場休市、非術科辦理單位上班日時可提前一天）由單位負責人以電子抽籤方式抽出一大題，供準備材料及測試使用，抽題結果應由負責人簽名並彌封。

2. 抽測試題組：術科測試編號最小之應檢人代表自 12 個題組中抽出其對應之測試題組，其他應檢人依編號順序依序對應各測試題組；例如應檢人代表抽到 301-5 題組，下一個編號之應檢人測試 301-6 題組，其餘（含遲到及缺考）依此類推。編組崗位少於 12 崗位時，辦理單位仍應準備 12 題組材料供抽籤應試。

3. 術科測試編號最小者代表抽籤後，應於抽籤暨領用卡單簽名表上簽名，同時由監評長簽名確認。術科辦理單位應記載所有應檢人對應之測試題組，並經所有應檢人簽名確認，以供備查。

4. 如果測試崗位超過 12 崗且非 12 的倍數時，超過多少崗位就依序補多少題組，例如抽到 301 大題的 14 崗位測試場地，超過 2 崗位，術科辦理單位備料時除了原來的 301-1 至 301-12 的材料（共 12 組），尚須加上 301-1 及 301-2 的材料（共 2 組），亦即原 12 組材料加上超過崗位的 2 組，以應 14 名應檢人應試。抽籤時，仍由術科測試編號最小之應檢人代表自 12 個題組中抽出其對應之測試題組，其他應檢人依編號順序依序對應各測試題組。以 14 崗位，第 1 號應檢人抽到第 4 題組為例，對應情形依序如下：

題組	1	2	3	4	5	6	7	8	9	10	11	12	1	2
應檢人	12號	13號	14號	1號	2號	3號	4號	5號	6號	7號	8號	9號	10號	11號

（五）術科測試應檢人有下列情事之一者，予以扣考，不得繼續應檢，其已檢定之術科成績

以不及格論：

(1) 冒名頂替者。
(2) 傳遞資料或信號者。
(3) 協助他人或託他人代為實作者。
(4) 互換工件或圖說者。
(5) 隨身攜帶成品或規定以外之器材、配件、圖說、行動電話、呼叫器或其他電子通訊攝錄器材等。
(6) 不繳交工件、圖說或依規定須繳回之試題者。
(7) 故意損壞機具、設備者。
(8) 未遵守本規則，不接受監評人員勸導，擾亂試場內外秩序者。

（六）應檢人有下列情事者不得進入考場（測試中發現時，亦應離場不得繼續測試）：

(1) 制服不合規定。
(2) 著工作服於檢定場區四處遊走者。
(3) 有吸菸、喝酒、嚼檳榔、隨地吐痰等情形者。
(4) 罹患感冒（飛沫或空氣傳染）未戴口罩者。
(5) 工作衣帽未保持潔淨者（剁斬食材噴濺者除外）。
(6) 除不可拆除之手鐲（應包紮妥當），有手錶，佩戴飾物者。
(7) 蓄留指甲、塗抹指甲油、化妝等情事者。
(8) 有打架、滋事、恐嚇、說髒話等情形者。
(9) 有辱罵監評及工作人員之情形者。

二、應檢人自備工（用）具

（一）白色廚師工作服，含上衣、圍裙、帽，如【應檢人服裝參考圖】；未穿著者，不得進場應試。

（二）穿著規定之長褲、黑色工作皮鞋、內須著襪；不合規定者，不得進場應試。

（三）刀具：含片刀、剁刀（另可自備水果刀、果雕刀、剪刀、刮鱗器、削皮刀，但不得攜帶水花模具、槽刀、模型刀）。

（四）白色廚房紙巾 1 包（捲）以下。

（五）包裝飲用水 1～2 瓶（礦泉水、白開水）。

（六）衛生手套、乳膠手套、口罩。衛生手套參考材質種類可為乳膠手套、矽膠手套、塑膠手套（即俗稱手扒雞手套）等，並應予以適當包裝以保潔淨衛生，否則衛生將予以扣分。

（七）可攜帶計時器，但音量應不影響他人操作者。

三、應檢人服裝參考圖：不合規定者，不得進場應試。

一、帽子

1. 帽型：帽子需將頭髮及髮根完全包住；髮長未超過食指、中指夾起之長度，可不附網，超過者須附網。
2. 顏色：白色。

二、上衣

1. 衣型：廚師專用服裝（可戴領巾）。
2. 顏色：白色（顏色滾邊、標誌可）。
3. 袖：長袖、短袖皆可。

三、圍裙

1. 型式不拘，全身圍裙、下半身圍裙皆可。
2. 顏色：白色。
3. 長度：過膝。

四、工作褲

1. 黑、深藍色系列、專業廚房素色小格子（千鳥格）之工作褲，長度至踝關節。
2. 不得穿緊身褲、運動褲及牛仔褲。

五、鞋

1. 黑色工作皮鞋（踝關節下緣圓周以下全包）。
2. 內須著襪。
3. 建議具止滑功能。

備註：帽、衣、褲、圍裙等材質以棉或混紡為宜。

四、測試時間配當表

每一檢定場，每日可排定測試場次為上、下午各乙場，如下：

中餐烹調丙級檢定時間配當表		
時間	內容	備註
07：30～07：50	1. 監評前協調會議（含監評檢查機具設備） 2. 上午場應檢人報到、更衣	
07：50～08：30	1. 應檢人確認工作崗位、抽題，並依抽籤結果依序分給應檢人對應的三張卡單。 2. 場地設備及供料、自備機具及材料等作業說明。 3. 測試應注意事項說明。 4. 應檢人試題疑義說明。 5. 研讀材料清點卡、刀工作品規格卡，時間10分鐘。 6. 應檢人檢查設備及材料（材料清點卡應於材料清點無誤後收回），確認無誤後於抽籤暨領用卡單簽名表簽名。 7. 其他事項。	應檢人務必研讀卡片（烹調指引卡於中場休息時研讀）
08：30～10：00	上午場測試開始，清洗、切配、工作區域清理	90分鐘
10：00～10：30	評分，應檢人離場休息（研讀烹調指引卡）	30分鐘
10：30～11：40	菜餚製作及工作區域清理並完成檢查	70分鐘
11：40～12：10	監評人員進行成品評審	
12：10～12：30	1. 下午場應檢人報到、更衣 2. 監評人員休息用膳時間	
12：30～13：10	1. 應檢人確認工作崗位、抽題，並依抽籤結果依序分給應檢人對應的三張卡單。 2. 場地設備及供料、自備機具及材料等作業說明。 3. 測試應注意事項說明。 4. 應檢人試題疑義說明。 5. 研讀材料清點卡、刀工作品規格卡，時間10分鐘。 6. 應檢人檢查設備及材料（材料清點卡應於材料清點無誤後收回），確認無誤後於抽籤暨領用卡單簽名表簽名。 7. 其他事項。	應檢人務必研讀卡片（烹調指引卡於中場休息時研讀
13：10～14：40	下午場測試開始，清洗、切配、工作區域清理	90分鐘
14：40～15：10	評分，應檢人離場休息（研讀烹調指引卡）	30分鐘
15：10～16：20	菜餚製作及工作區域清理並完成檢查	70分鐘
16：20～16：50	監評人員進行成品評審	

Part C、術科測試參考試題

一、共通原則說明

（一）測試進行方式

測試分兩階段方式進行，第一階段應於 90 分鐘內完成刀工作品及擺飾規定，第一階段完成後由監評人員進行第一階段評分，應檢人休息 30 分鐘。第二階段應於刀工作品評分後，於 70 分鐘內完成試題菜餚烹調作業。除技術評審外，全程並有衛生項目評審。

第一、二階段及衛生項目分別評分，有任一項（含）以上不合格即屬術科不合格。應檢人在測試前說明會時，於進入測試場前，必須研讀二種卡單（第一階段測試過程刀工作品規格卡與應檢人材料清點卡），時間 10 分鐘。於中場休息的時間可以再研讀第二階段測試過程烹調指引卡。測試過程中，二種卡單可隨時參考使用。

（二）材料使用說明

1. 離島地區魚類請依試題優先選用吳郭魚、鱸魚，如為冷凍食材須在測試前協助解凍，若前揭材料購買困難時，僅離島地區得以鯛類、斑類有帶魚鱗之魚種取代。
2. 各測試場公共材料區需備 12 個以上的雞蛋，供考生自由取為上漿用。
3. 所有題組的食材，取量切配之後，剩餘的食材，包含雞骨、雞皮、魚骨皆需繳交於回收區，不得浪費；受評刀工作品至少需有 3/4 符合規定尺寸，總量不得少於規定量。
4. 合格廠商：應在臺灣有合法登記之營業許可者，至於該附檢驗證明者，各檢定承辦單位自應取得。

（三）洗滌階段注意事項

在進行器具及食材洗滌與刀工切割時不必開火，但遇難漲發（乾香菇、乾魷魚、乾木耳）、需先熟化（鹹蛋黃）或未汆燙切割不易的新鮮菇類（如杏鮑菇、洋菇）者，得於洗器具前燒水或起蒸鍋以處理之，處理妥當後應即熄火，但為評分之整體考量，不得作其他菜餚之加熱前處理。

（四）第一階段刀工共同事項

1. 食材切配順序需依中餐烹調技術士技能檢定衛生評分標準之規定。
2. 菜餚材料刀工作品以配菜盤分類盛裝受評，同類作品可置同一容器但需區分不可混合（蔥、薑、紅辣椒絲除外）。
3. 每一題組指定水花圖譜三式，選其中一種切割且形體類似具美感即可，另自選樣式一式，應檢人可由水花參考圖譜選出或自創具美感之水花樣式，於蔬果類切配時切割（可同類）。
4. 盤飾依每一題組指定盤飾（擇二），須依規定圖譜之所有指定材料、符合指定盤飾。於蔬果類切配時直接生切擺飾於 10 吋瓷盤，置於熟食區檯面待評。
5. 除盤飾外，本題庫之烹調作品並無生食狀態者。

6. 限時 90 分鐘。

7. 測試階段自開始至刀工作品完成，作品完成後，應檢人須將規定受評作品依序整齊擺放於調理檯（準清潔區）靠走道端受評，部分無須受評之刀工作品則置於調理檯（準清潔區）之另一邊，刀工作品規格卡置於兩者中間，應檢人移至休息區。

8. 乾貨、特殊調味料或醬料、粉料、香料等若未發妥，應在第一階段完成後或第二階段測試開始前令應檢人自行取量備妥，以免影響其權益。

9. 第一階段離場前需將水槽、檯面做第一次整潔處理，廚餘、垃圾分置廚餘、垃圾桶，始可離場休息。

10. 規定受評之刀工作品須全數完成方具第一階段刀工受評資格，未全數完成者，其評分表評為不合格，仍可進行第二階段測試。

11. 規定受評之刀工作品已全數完成，但其他配材料刀工（不評分者）未完成者，可於第二階段測試時繼續完成，並不影響刀工作品成績，惟需符合切配之衛生規定。

(五) 第二階段烹調共同事項

1. 每組調味品至少需備齊足量之鹽、糖、味精、白胡椒粉、太白粉、醬油、料理米酒、白醋、香油、沙拉油。

2. 第二階段於應檢人就定位後，應就未發妥之乾貨、特殊調味料或醬料、粉料、香料等，令應檢人自行取量備妥，再統一開始第二階段之測試，繼續完成規定之 3 道菜餚烹調製作。應檢人於測試開始前未作上述已告知之準備工作者，於後續操作中毋需另給時間。

3. 烹調完成後不需盤飾，直接取量（份量至少 6 人份，以規定容器合宜盛裝）整形而具賣相出菜，送至評分室，應檢人須將烹調指引圖卡及規定作品整齊擺放於各組評分檯，並完成善後作業。

4. 六人份不一定為 6 個或 6 的倍數，是指足夠六個人食用的量。

5. 包含善後工作 70 分鐘內完成。

(六) 試題總表

試題編號：07602-104301

題組	菜單內容	主要刀工	烹調法	主材料類別
301-1	青椒炒肉絲	絲	炒、爆炒	大里肌肉
	茄汁燴魚片	片	燴	鱸魚
	乾煸四季豆	末	煸	四季豆
301-2	燴三色肉片	片	燴	大里肌肉
	五柳溜魚條	條、絲	滑溜	鱸魚
	馬鈴薯炒雞絲	絲	炒、爆炒	馬鈴薯、雞胸肉
301-3	蛋白雞茸羹	茸	羹	雞胸肉
	菊花溜魚球	剞刀厚片	脆溜	鱸魚
	竹筍炒肉絲	絲	炒、爆炒	桶筍、大里肌肉
301-4	黑胡椒豬柳	條	滑溜	大里肌肉
	香酥花枝絲	絲	炸、拌炒	花枝（清肉）
	薑絲魚片湯	片	煮（湯）	鱸魚
301-5	香菇肉絲油飯	絲	蒸、熟拌	大里肌肉
	炸鮮魚條	條	軟炸	鱸魚
	燴三鮮	片	燴	大里肌肉、鮮蝦、花枝
301-6	糖醋瓦片魚	片	脆溜	鱸魚
	燜燒辣味茄條	條、末	燒	茄子
	炒三色肉丁	丁	炒、爆炒	大里肌肉
301-7	榨菜炒肉片	片	炒、爆炒	大里肌肉
	香酥杏鮑菇	片	炸、拌炒	杏鮑菇
	三色豆腐羹	指甲片	羹	盒豆腐
301-8	脆溜麻辣雞球	剞刀厚片	脆溜	雞胸肉
	銀芽炒雙絲	絲	炒、爆炒	綠豆芽
	素燴三色杏鮑菇	片	燴	杏鮑菇
301-9	五香炸肉條	條	軟炸	大里肌肉
	三色煎蛋	片	煎	雞蛋
	三色冬瓜捲	絲、片	蒸	冬瓜
301-10	涼拌豆干雞絲	絲	涼拌	大豆干、雞胸肉
	辣豉椒炒肉丁	丁	炒、爆炒	大里肌肉
	醬燒筍塊	滾刀塊	紅燒	桶筍
301-11	燴咖哩雞片	片	燴	雞胸肉
	酸菜炒肉絲	絲	炒、爆炒	酸菜、大里肌肉
	三絲淋蛋餃	絲	淋溜	雞蛋
301-12	雞肉麻油飯	塊	生米燜煮	仿雞腿
	玉米炒肉末	末、粒	炒	玉米
	紅燒茄段	段、片	紅燒	茄子

試題編號：07602-104302

題組	菜單內容	主要刀工	烹調法	主材料類別
302-1	西芹炒雞片 三絲淋蒸蛋 紅燒杏菇塊	片 絲 滾刀塊	炒、爆炒 蒸、羹 紅燒	雞胸肉 雞蛋 杏鮑菇
302-2	糖醋排骨 三色炒雞片 麻辣豆腐丁	塊、片 片 丁、末	溜 炒、爆炒 燒	小排骨 雞胸肉 板豆腐
302-3	三色炒雞絲 火腿冬瓜夾 鹹蛋黃炒杏菇條	絲 雙飛片、片 條	炒、爆炒 蒸 炸、拌炒	雞胸肉 冬瓜 杏鮑菇
302-4	鹹酥雞 家常煎豆腐 木耳炒三絲	塊 片 絲	炸、拌炒 煎 炒、爆炒	雞胸肉 板豆腐 木耳
302-5	三色雞絲羹 炒梳片鮮筍 西芹拌豆干絲	絲 片、梳子片 絲	羹 炒、爆炒 涼拌	雞胸肉 桶筍 大豆干
302-6	三絲魚捲 焦溜豆腐塊 竹筍炒三絲	絲、雙飛片 塊 絲	蒸 焦溜 炒、爆炒	鱸魚 板豆腐 桶筍
302-7	薑味麻油肉片 醬燒煎鮮魚 竹筍炒肉丁	片 絲 丁	煮 煎、燒 炒、爆炒	大里肌肉 吳郭魚 桶筍
302-8	豆薯炒豬肉鬆 麻辣溜雞丁 香菇素燴三色	鬆 丁 片	炒 滑溜 燴	豆薯、大里肌肉 仿雞腿 乾香菇
302-9	鹹蛋黃炒薯條 燴素什錦 脆溜荔枝肉	條 片 剞刀厚片	炸、拌炒 燴 脆溜	馬鈴薯 桶筍 大里肌肉
302-10	滑炒三椒雞柳 酒釀魚片 麻辣金銀蛋	柳 片 塊	炒、滑炒 滑溜 炒	雞胸肉 吳郭魚 皮蛋、熟鹹蛋
302-11	黑胡椒溜雞片 蔥燒豆腐 三椒炒肉絲	片 片 絲	滑溜 紅燒 炒、爆炒	雞胸肉 板豆腐 大里肌肉
302-12	馬鈴薯燒排骨 香菇蛋酥燜白菜 五彩杏菇丁	塊 片、塊 丁	燒 燜煮 炒、爆炒	小排骨 香菇、大白菜 杏鮑菇

二、參考烹調須知：

（一）分為總烹調須知及題組烹調須知：

1. 總烹調須知：規範本職類術科測試試題之基礎說明、刀工尺寸標準、烹調法定義及食材處理手法釋義。除題組烹調須知另有規定外，所有考題依據皆應遵循總烹調須知。

2. 題組烹調須知：已分註於24組題庫內容中，規範題組每小組之刀工尺寸標準、水花片、盤飾、烹調法及烹調、調味規定。題組烹調須知未規定部分，應遵循總烹調須知。

（二）總烹調須知：

1. 菜餚刀工講究一致性，即同一道菜餚的刀工，尺寸大小厚薄粗細或許不一，但是形狀應為相似。菜餚的刀工無法齊一時，主材料為一種刀工或原形食材，配材料應為另一類相似而相互襯映之刀工。

2. 題組未受評的刀工作品，亦須按題意需求自行取量切配，以供烹調所需。切割規格不足者，可當回收品（需分類置於工作檯下層），結束後分類送至回收處，不隨意丟棄，避免浪費。

3. 受評的各種刀工作品，規定的數量可能比實際烹調需用量多，烹調時可依據實際需求適當地取量與配色，即烹調完成後，可能會有剩餘的刀工作品，請分類送至回收處。

4. 水花片指依試題規定以（紅）蘿或其他根莖、瓜果類食材切出簡易樣式的象形蔬菜片做為配菜用。以刀法簡易、俐落、切痕平整為宜，搭配菜餚形象、大小、厚薄度（0.3～0.4公分）。

5. 水花切割一般是在切配過程中，依片或塊狀刀工菜餚的需求，以刀工作簡易線條的切割。

6. 水花指定樣式，指應檢人須參照規格明細之水花片圖譜型式其中一種切割，或切割出具有美感之類似形狀。自選樣式，指應檢人可由水花片圖譜選出或自創具美感之水花樣式進行切割。每一個水花片大小、形狀應相似。每一題組皆須切出指定與自選二款水花各6片以上以受評，並適宜地取量（二款皆需取用）加入烹調，未依規定加水花烹調，亦為不符題意。

7. 水花的要求以象形、美感、平整、均衡（與菜餚搭配），依指定圖完成，可受公評並獲得普遍認同之美感。

8. 盤飾指以食材切割出大小一致樣式，擺設於餐盤，增加菜餚美觀之刀工。以刀法簡易、俐落、切痕平整、盤面整齊、分佈均勻（對稱、中隔、單邊美化、集中強化皆可）及整體美觀為宜。如測試之題組無紅辣椒，則盤飾可不加紅點。

9. 盤飾指定樣式指應檢人參照規格明細之盤飾圖譜型式切擺。每一題組皆須從指定盤飾三選二，切擺出二種樣式受評。

10. 盤飾的要求以美感、平整、均勻、整齊、對稱。但須可受公評並獲得普遍認同之美感。

（三）測試題組內容：

本套試題分301大題及302大題，兩大題各再分12題組，分別為301-1、301-2、301-3、301-4、301-5、301-6、301-7、301-8、301-9、301-10、301-11、301-12、

302-1、302-2、302-3、302-4、302-5、302-6、302-7、302-8、302-9、302-10、302-11、302-12，每題組有三道菜，各題組試題說明於術科示範前兩頁中。

Part D、術科測試評審標準及評審表

評審標準：

（一）依據「技術士技能檢定作業及試題規則」第 39 條第 2 項規定：「依規定須穿著制服之職類，未依規定穿著者，不得進場應試。」

　　(1) 職場專業服裝儀容正確與否，由公推具公正性之監評長擔任；遇有爭議，由所有監評人員共同討論並判定之。

　　(2) 相關規定請參考應檢人服裝參考圖。

（二）術科辦理單位應準備一份完整題庫及三種附錄卡單 2 份（查閱用），以供監評委員查閱。

（三）術科辦理單位應準備 15 公分長的不鏽鋼直尺 4 支，給予每位監評委員執行應檢人的刀工作品評審工作，並需於測試場內每一組的調理檯（準清潔區）上準備一支 15 公分長的不鏽鋼直尺，給予應檢人使用，術科辦理單位應隨時回收檢點潔淨之。

（四）刀工項評審場地在測試場內每一組的調理檯（準清潔區）實施，檯面上應有該組應檢人留下將繳回之第一階段測試過程刀工作品規格卡及其刀工作品，監評委員依刀工測試評分表評分。

（五）烹調項評審場地在評分室內實施，每一組皆備有該組應檢人留下將繳回之第二階段測試過程烹調指引卡，供監評委員對照，監評委員依烹調測試作品評分表評分。

（六）術科測試分刀工、烹調及衛生三項內容，三項各自獨立計分，刀工測試評分標準合計 100 分，不足 60 分者為不及格；烹調測試三道菜中，每道菜個別計分，各以 100 分為滿分，總分未達 180 分者為不及格；衛生項目評分標準合計 100 分，成績未達 60 分者為不及格。

（七）刀工作品、烹調作品或衛生成績，任一項未達及格標準，總成績以不及格計。

（八）棉質毛巾與抹布的使用：

　1. 白色長型毛巾 1 條摺疊置放於熟食區一只瓷盤上（置上層或下一層），由術科辦理單位備妥，使用前須保持潔淨，用於擦拭洗淨之熟食餐器具（含調味匙、筷）及墊握熱燙之瓷碗盤，可重覆使用，不得另置他處，不得使用紙巾（墊握時毛巾太短或擦拭如咖哩汁等不易洗淨之醬汁時方得使用紙巾）。

　2. 白色正方毛巾 2 條置放於調理區下層工作台之配菜盤上（應檢人得依使用時機移置上層），由術科辦理單位備妥，使用前須保持潔淨，用於擦拭洗淨之刀具、砧板、鍋具、烹調用具（如炒杓、炒鏟、漏杓）、墊砧板及洗淨之雙手，不得使用紙巾，不得隨意放置。

　3. 黃色正方抹布 2 條放置於披掛處或烹調區前緣，用於擦拭工作台或墊握鍋把，不得隨意放置（在洗餐器具流程後須以酒精消毒）。

（九）其他事項：其他未及備載之違規事項，依四位監評人員研商決議處理。

（十）其他未盡事宜，依技術士技能檢定作業及試題規則相關規定辦理。

（十一）測試規範皆已備載，與下表之衛生評審標準，應檢人應詳細研習以參與測試。

技術士技能檢定中餐烹調丙級葷食項衛生評分標準

項目	監評內容	扣分標準
一般規定	1. 除不可拆除之手部飾品（如手鐲、戒指等）外，有手錶、化妝、佩戴飾物、蓄留指甲、塗抹指甲油等情事者。	41分
	2. 手部有受傷且未經適當傷口包紮處理，或不可拆除之手部飾品且未全程配戴衛生手套者（衛生手套長度須覆蓋手鐲，處理熟食應更新手套）。	41分
	3. 衛生手套使用過程中，接觸他種物件，未更換手套再次接觸熟食者（衛生手套應有完整包覆，不可取出置於台面待用）。	41分
	4. 使用免洗餐具者。	20分
	5. 測試中有吸菸、喝酒、嚼檳榔、嚼口香糖、飲食（飲水或試調味除外）或隨地吐痰等情形者。	41分
	6. 打噴嚏或擤鼻涕時，未轉身並以紙巾、手帕、或上臂衣袖覆蓋口鼻，或轉身掩口鼻，再將手洗淨消毒者。	41分
	7. 以衣物拭汗者。	20分
	8. 如廁時，著工作衣帽者（僅須脫去圍裙、廚帽）。	20分
	9. 未依規定使用正方毛巾、抹布者。	20分
驗收（A）	1. 食材未經驗收數量及品質者。	20分
	2. 生鮮食材有異味或鮮度不足之虞時，未發覺卻仍繼續烹調操作者。	30分
洗滌（B）	1. 洗滌餐器具時，未依下列先後處理順序者：瓷碗盤 → 配料碗盤盆 → 鍋具 → 烹調用具（菜鏟、炒杓、大漏杓、調味匙、筷）→ 刀具（即菜刀，其他刀具使用前消毒即可）→ 砧板 → 抹布。	20分
	2. 餐器具未徹底洗淨或擦拭餐器具有污染情事者。	41分
	3. 餐器具洗畢，未以有效殺菌方法消毒刀具、砧板及抹布者（例如熱水沸煮、化學法，本題庫選用酒精消毒）。	30分

洗滌（B）	4. 洗滌食材，未依下列先後處理順序者：乾貨（如香菇、蝦米…）→ 加工食品類（素，如沙拉筍、酸菜…）→ 加工食品類（葷，如皮蛋、鹹蛋、生鹹鴨蛋、水發魷魚…）→ 蔬果類（如蒜頭、生薑…）→ 牛羊肉 → 豬肉 → 雞鴨肉 → 蛋類 → 水產類。	30 分
	5. 將非屬食物類或烹調用具、容器置於工作檯上者（如：洗潔劑、衣物等，另酒精噴壺應置於熟食區層架）。	20 分
	6. 食材未徹底洗淨者： ① 內臟未清除乾淨者。 ② 鱗、鰓、腸泥殘留者。 ③ 魚鰓或魚鱗完全未去除者。 ④ 毛、根、皮、尾、老葉殘留者。 ⑤ 其他異物者。	20 分 20 分 41 分 30 分 30 分
	7. 以鹽水洗滌海產類，致有腸炎弧菌滋生之虞者。	41 分
	8. 將垃圾袋置於水槽內或食材洗滌後垃圾遺留在水槽內者。	20 分
	9. 洗滌各類食材時，地上遺有前一類之食材殘渣或多量水漬者。	20 分
	10. 食材未徹底洗淨或洗滌工作未於三十分鐘內完成者。	20 分
	11. 洗滌期間進行烹調情事經警告一次再犯者（即洗滌期間不得開火，然洗滌後與切割中可做烹調及加熱前處理，試題如另有規定，從其規定）。	30 分
	12. 食材洗滌後未徹底將手洗淨者。	20 分
	13. 洗滌時使用過砧板（刀），切割前未將該砧板（刀）消毒處理者。	30 分
切割（C）	1. 洗滌妥當之食物，未分類置於盛物盤或容器內者。	20 分
	2. 切割生食食材，未依下列先後順序處理者：乾貨（如香菇、蝦米…）→ 加工食品類（素，如沙拉筍、酸菜…）→ 加工食品類（葷，如皮蛋、鹹蛋、生鹹鴨蛋、水發魷魚…）→ 蔬果類（如蒜頭、生薑…）→ 牛羊肉 → 豬肉 → 雞鴨肉 → 蛋類 → 水產類。	30 分
	3. 切割按流程但因漏切某類食材欲更正時，向監評人員報告後，處理後續補救步驟（應將刀、砧板洗淨拭乾消毒後始更正切割）	15 分
	4. 切割妥當之食材未分類置於盛物盤或容器內者（汆燙熟後不同類可併放）。	20 分
	5. 每一類切割過程後及切割完成後未將砧板、刀及手徹底洗淨者。	20 分

	6. 蛋之處理程序未依下列順序處理者：洗滌好之蛋 → 用手持蛋 → 敲於乾淨配料碗外緣（可為裝蛋之容器）→ 剝開蛋殼 → 將蛋放入第二個配料碗內 → 檢視蛋有無腐壞，集中於第三配料碗內 → 烹調處理。	20 分
調理、加工、烹調（D）	1. 烹調用油達發煙點或著火，且發煙或燃燒情形持續進行者。	41 分
	2. 菜餚勾芡濃稠結塊、結糰或嚴重出油者。	30 分
	3. 除西生菜、涼拌菜、水果菜及盤飾外，食物未全熟，有外熟內生情形或生熟食混合者（涼拌菜另依題組說明規定行之）。	41 分
	4. 殺菁後之蔬果類，如需直接食用，欲加速冷卻時，未使用經減菌處理過之冷水冷卻者（需再經加熱食用者，可以自來水冷卻）。	41 分
	5. 切割生、熟食，刀具及砧板使用有交互污染之虞者。 ① 若砧板為一塊木質、一塊白色塑膠質，則木質者切生食、白色塑膠質者切熟食。 ② 若砧板為二塊塑膠質，則白色者切熟食、紅色者切生食。	41 分
	6. 將砧板做為置物板或墊板用途，並有交互污染之虞者。	41 分
	7. 菜餚成品未有良好防護或區隔措施致遭污染者（如交叉汙染、噴濺生水）。	41 分
	8. 烹調後欲直接食用之熟食或減菌後之盤飾置於生食碗盤者（烹調後之熟食若要再烹調，可置於生食碗盤）。	41 分
	9. 未以專用潔淨布巾擦拭用具、物品及手者（墊握時毛巾太短或擦拭如咖哩汁等不易洗淨之醬汁時方得使用紙巾）。	30 分
	10. 烹調時有污染之情事者： ① 烹調用具置於台面或熟食匙、筷未置於熟食器皿上。 ② 盛盤菜餚或盛盤食材重疊放置、成品食物有異物者、以烹調用具就口品嚐、未以合乎衛生操作原則品嚐食物、食物掉落未處理等。	30 分 41 分
	11. 烹調時蒸籠燒乾者。	30 分
	12. 可利用之食材棄置於廚餘桶或垃圾筒者。	30 分

	13. 可回收利用之食材未分類放置者。	20 分
	14. 故意製造噪音者。	20 分
熟食切割（E）	1. 未將熟食砧板、刀（洗餐器具時已處理者則免）及手徹底洗淨拭乾消毒，或未戴衛生手套切割熟食者。【熟食（將為熟食用途之生食及煮熟之食材）在切配過程中任一時段切割需注意食材之區隔（即生熟食不得接觸），或注意同一工作台的時間區隔，且應符合衛生原則】	41 分
	2. 配戴衛生手套操作熟食而觸摸其他生食或器物，或將用過之衛生手套任意放置而又重複使用者。	41 分
盤飾及沾料（F）	1. 以非食品或人工色素做為盤飾者。	30 分
	2. 以非白色廚房用紙巾或以衛生紙、文化用紙墊底或使用者。（廚房用紙巾應不含螢光劑且有完整包覆或應置於清潔之承接物上，不可取出置於台面待用）。	20 分
	3. 配製高水活性、高蛋白質或低酸性之潛在危險性食物（PHF, Potentially Hazardous Foods）的沾料且內置營養食物者（沾料之配製應以食品安全為優先考量，若食物屬於易滋生細菌者，欲與沾料混置，則應配製安全性之沾料覆蓋於其上，較具危險性之沾料須與食物分開盛裝）。	30 分
清理（G）	1. 工作結束後，未徹底將工作檯、水槽、爐檯、器具、設備及工作區之環境清理乾淨者（即時間內未完成）。	41 分
	2. 拖把、廚餘桶、垃圾桶置於清洗食物之水槽內清洗者。	41 分
	3. 垃圾未攜至指定地點堆放者（如有垃圾分類規定，應依規定辦理）。	30 分
其它（H）	1. 每做有污染之虞之下一個動作前，未將手洗淨造成污染食物之情事者。	30 分
	2. 操作過程，有交互污染情事者。	41 分
	3. 瓦斯未關而漏氣，經警告一次再犯者。	41 分
	4. 其他不符合食品良好衛生規範準則規定之衛生安全事項者（監評人員應明確註明扣分原因）。	20 分

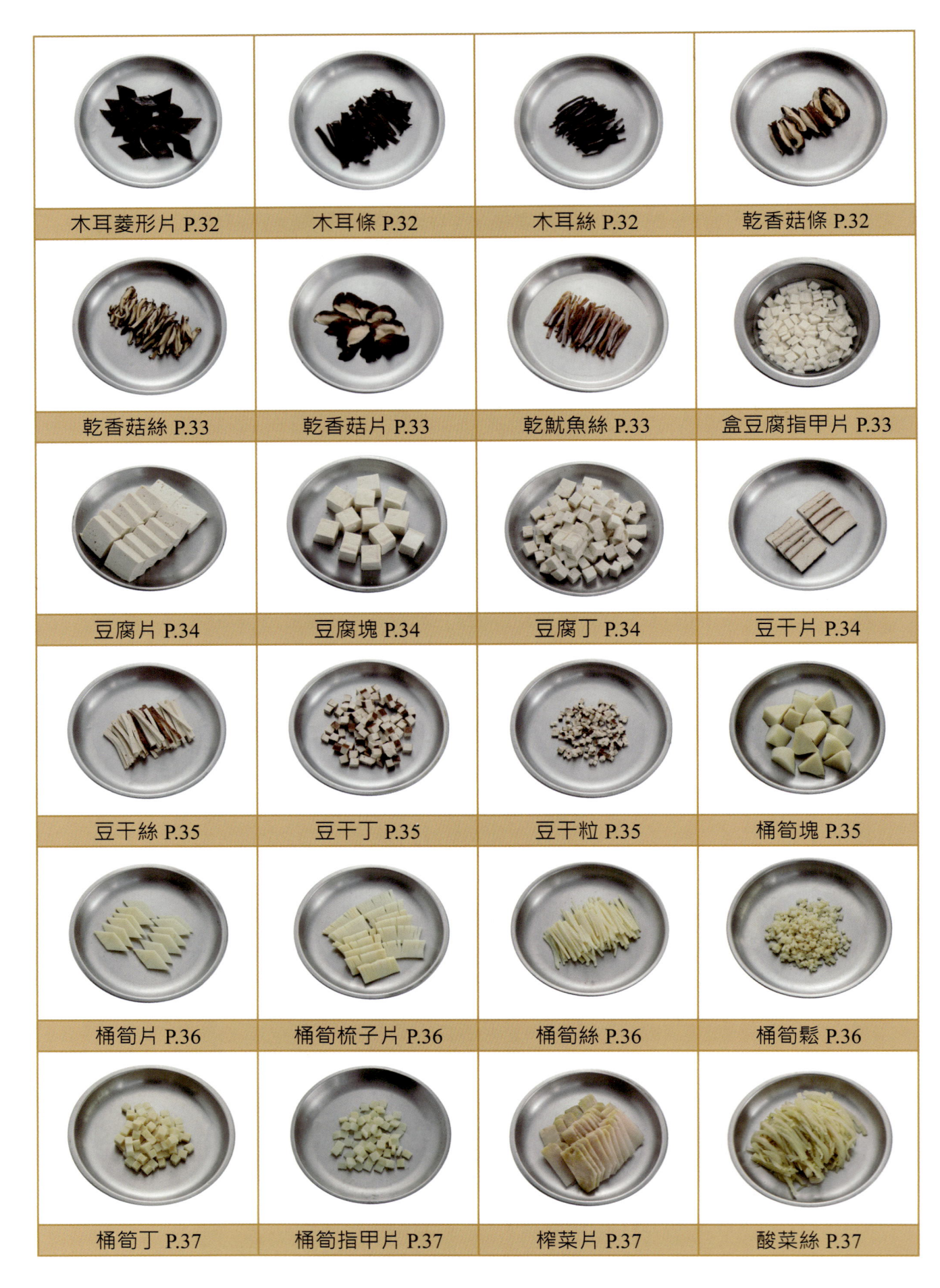

刀工總表

木耳菱形片 P.32	木耳條 P.32	木耳絲 P.32	乾香菇條 P.32
乾香菇絲 P.33	乾香菇片 P.33	乾魷魚絲 P.33	盒豆腐指甲片 P.33
豆腐片 P.34	豆腐塊 P.34	豆腐丁 P.34	豆干片 P.34
豆干絲 P.35	豆干丁 P.35	豆干粒 P.35	桶筍塊 P.35
桶筍片 P.36	桶筍梳子片 P.36	桶筍絲 P.36	桶筍鬆 P.36
桶筍丁 P.37	桶筍指甲片 P.37	榨菜片 P.37	酸菜絲 P.37

冬菜末 P.38	家鄉肉片 P.38	薑片 P.38	薑絲 P.38
薑末 P.38	蒜頭片 P.39	蒜頭末 P.39	洋蔥片 P.39
洋蔥條 P.40	西芹片 P.40	西芹條 P.40	西芹絲 P.40
紅蘿蔔條 P.41	紅蘿蔔丁 P.41	紅蘿蔔指甲片 P.41	紅蘿蔔絲 P.41
紅蘿蔔粒 P.42	紅蘿蔔鬆 P.42	馬鈴薯條 P.42	馬鈴薯絲 P.42
馬鈴薯滾刀塊 P.43	豆薯鬆 P.43	紅辣椒片 P.43	紅辣椒丁 P.43

刀工總表

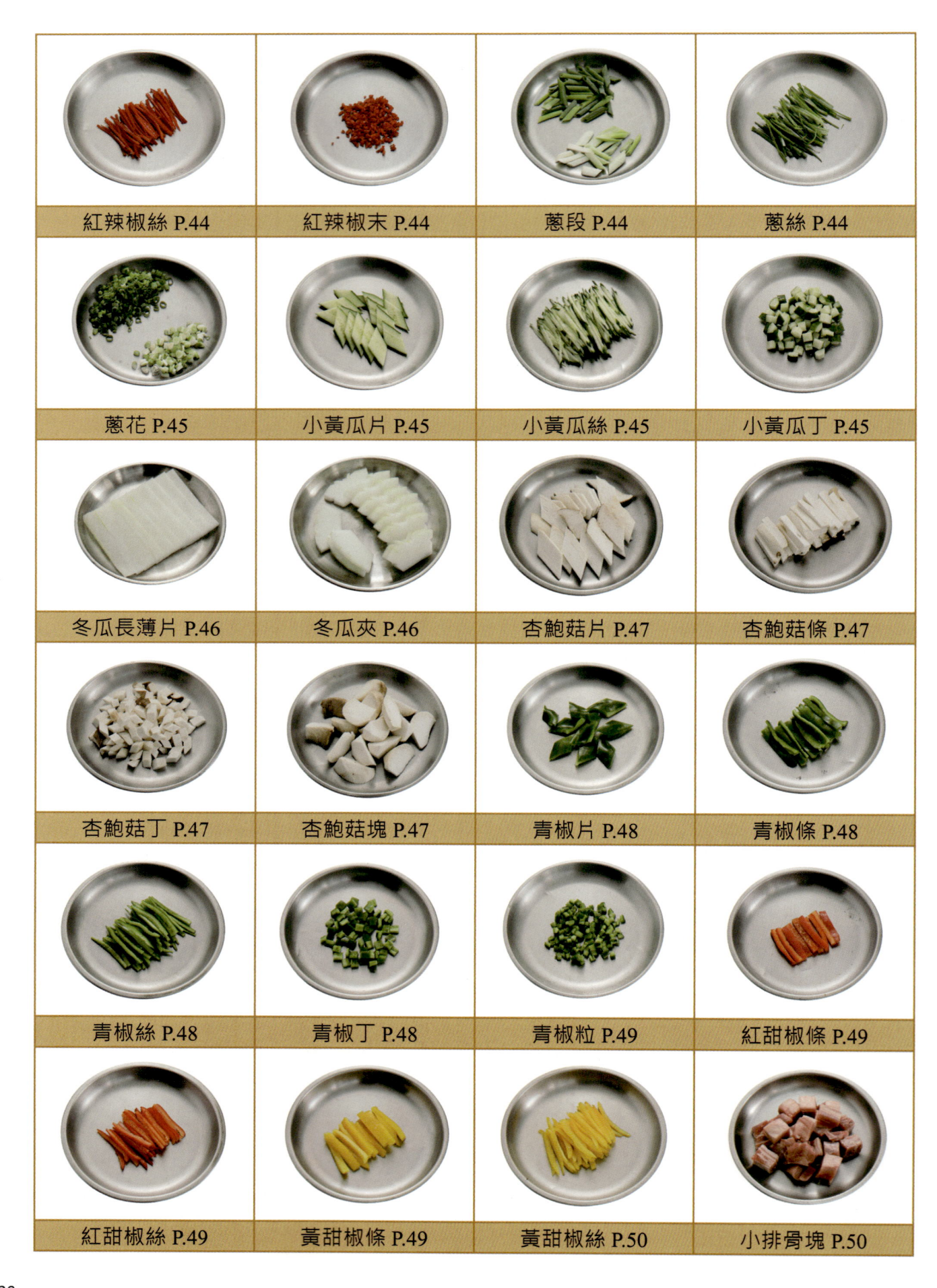

紅辣椒絲 P.44	紅辣椒末 P.44	蔥段 P.44	蔥絲 P.44
蔥花 P.45	小黃瓜片 P.45	小黃瓜絲 P.45	小黃瓜丁 P.45
冬瓜長薄片 P.46	冬瓜夾 P.46	杏鮑菇片 P.47	杏鮑菇條 P.47
杏鮑菇丁 P.47	杏鮑菇塊 P.47	青椒片 P.48	青椒條 P.48
青椒絲 P.48	青椒丁 P.48	青椒粒 P.49	紅甜椒條 P.49
紅甜椒絲 P.49	黃甜椒條 P.49	黃甜椒絲 P.50	小排骨塊 P.50

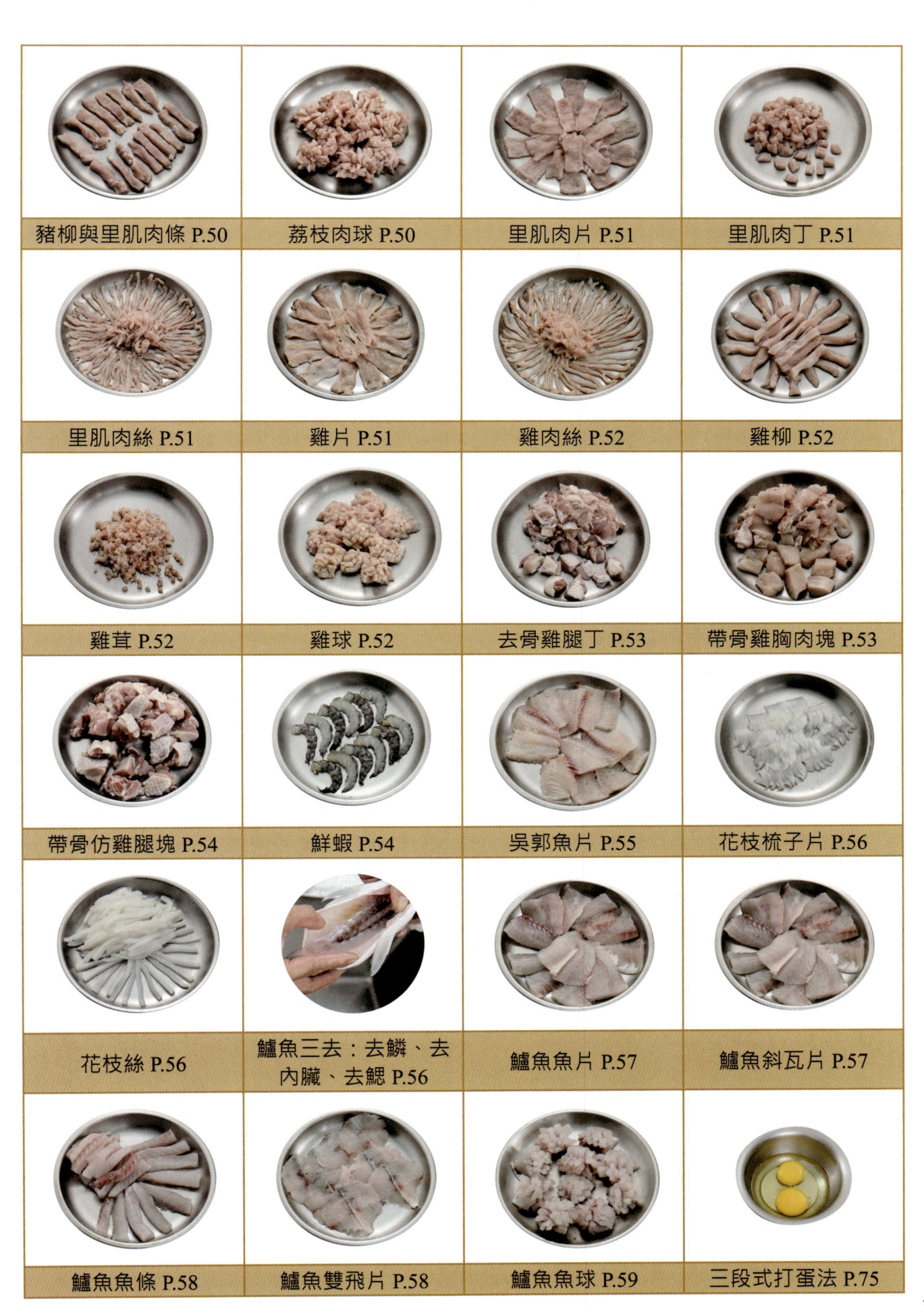

豬柳與里肌肉條 P.50	荔枝肉球 P.50	里肌肉片 P.51	里肌肉丁 P.51
里肌肉絲 P.51	雞片 P.51	雞肉絲 P.52	雞柳 P.52
雞茸 P.52	雞球 P.52	去骨雞腿丁 P.53	帶骨雞胸肉塊 P.53
帶骨仿雞腿塊 P.54	鮮蝦 P.54	吳郭魚片 P.55	花枝梳子片 P.56
花枝絲 P.56	鱸魚三去：去鱗、去內臟、去鰓 P.56	鱸魚魚片 P.57	鱸魚斜瓦片 P.57
鱸魚魚條 P.58	鱸魚雙飛片 P.58	鱸魚魚球 P.59	三段式打蛋法 P.75

▼ 乾貨類

刀工	步驟		
木耳菱形片	1 取發脹木耳以片刀去蒂。	2 以片刀修成 3 公分寬的條形。	3 以片刀斜切菱形片，間隔長 3 公分。
木耳條	1 這取發脹木耳以片刀去蒂。	2 以片刀取 5 公分長。	3 排列整齊，直切 0.8 公分條。
木耳絲	1 取發脹木耳以片刀去蒂。	2 以片刀取 5 公分長。	3 以片刀直切 0.3 公分絲。
乾香菇條	1 冷水泡軟香菇。	2 以剪刀去蒂頭。	3 以片刀直切 0.8 公分條。

▼ 乾貨類

刀工	步驟		
 乾香菇絲	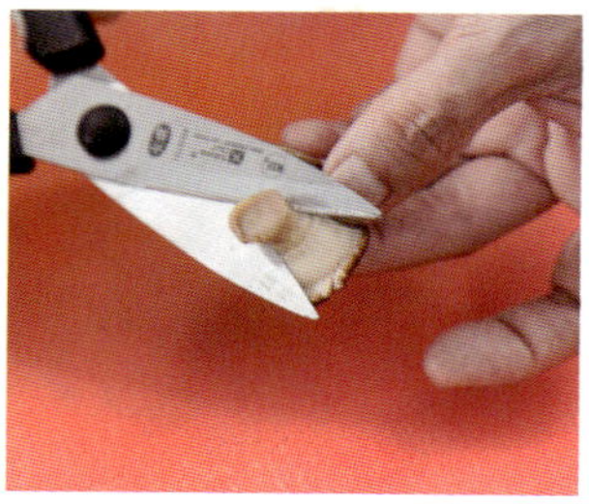 1 以剪刀去蒂頭。	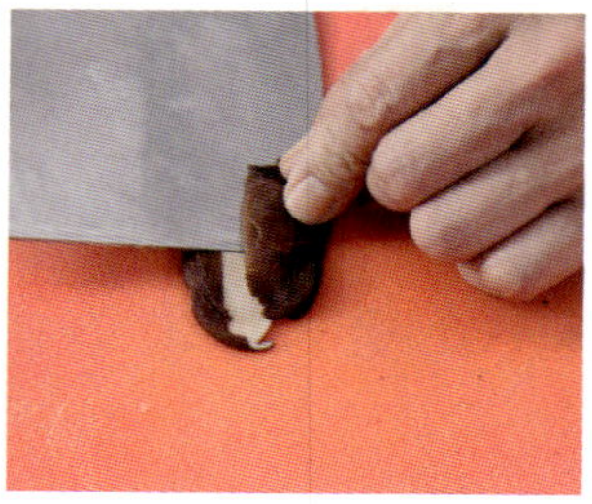 2 以片刀橫切對剖，成片狀。	 3 以片刀直刀切寬0.3公分細絲。
 乾香菇片	 1 冷水泡軟香菇。	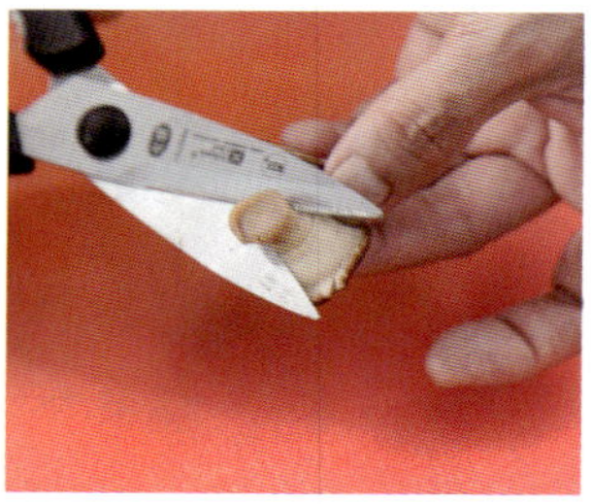 2 以剪刀去蒂頭。	 3 片刀斜切25度，寬3公分片狀。
 乾魷魚絲	 1 乾燥魷魚一隻。	 2 以剪刀剪5公分長，泡水去膜。	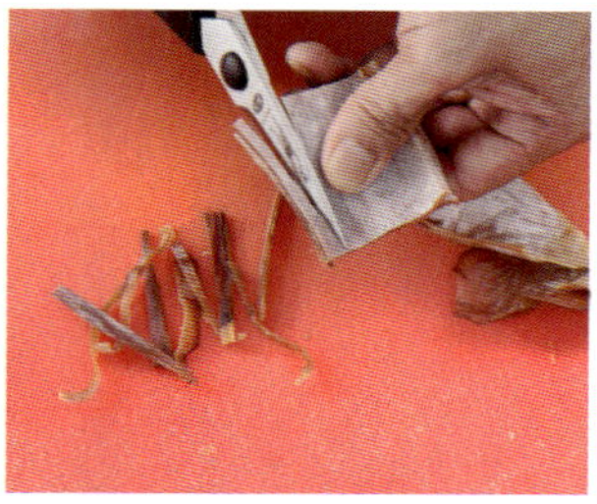 3 以剪刀剪成0.3公分細絲。

▼ **素 / 加工食品類**

刀工	步驟		
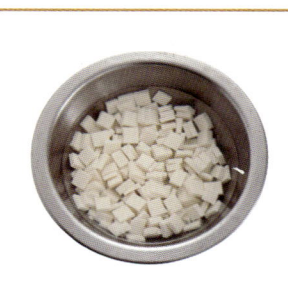 盒豆腐指甲片	 1 取盒豆腐切1公分厚片。	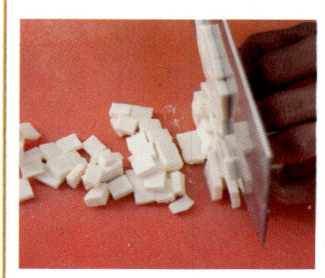 2 以片刀直切1公分條狀，將豆腐條切成0.2公分指甲片。	 3 泡水備用。

▼ 素／加工食品類

刀工	步驟		
 豆腐片	 1 以片刀將板豆腐四邊硬邊組織修掉。	 2 以片刀將板豆腐切成 5 公分長。	 3 將板豆腐切成 3 公分厚片。
 豆腐塊	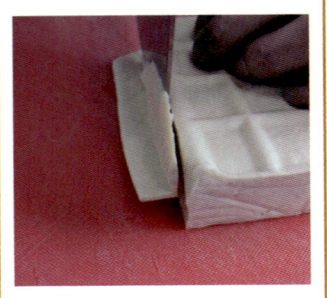 1 以片刀將板豆腐四邊的硬邊組織修掉。	 2 以片刀將板豆腐切成 3 公分長	 3 將板豆腐切成 3 公分正方塊。
 豆腐丁	 1 以片刀將板豆腐橫切為二片。	 2 以片刀切成 1 公分長條型。	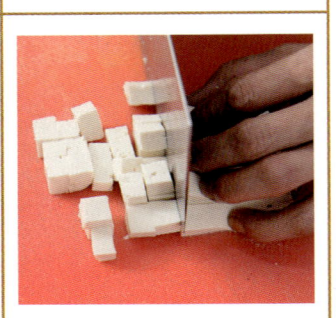 3 將豆腐切成 1 公分丁。
 豆干片	 1 將大豆干的硬邊修掉。	 2 以片刀切 0.5 公分片。	 3 排列整齊，修成 5 公分長。

▼ 素 / 加工食品類

刀工	步驟		
豆干絲	1 將大豆干的硬邊修掉。	2 以片刀切 0.3 公分片。	3 排列整齊，切成 0.3 公分長絲狀。
豆干丁	1 將大豆干的硬邊修掉。	2 以片刀切 1 公分長條狀。	3 排列整齊，切成 1 公分丁狀。
豆干粒	1 以片刀切 0.5 公分片。	2 排列整齊，切成 0.5 公分長絲狀。	3 排列整齊，切成 0.5 公分小粒狀。
桶筍塊	1 片刀將竹筍直刀切成二塊，修整形狀。	2 取一半的桶筍切成條形。	3 以片刀斜切 3 公分的滾刀塊。

▼ 素 / 加工食品類

刀工	步驟		
 桶筍片	 1 片刀將竹筍直刀切成二塊。	 2 修成3公分寬，5公分長菱形塊。	 3 將菱形塊切成0.3公分菱形片。
 桶筍梳子片	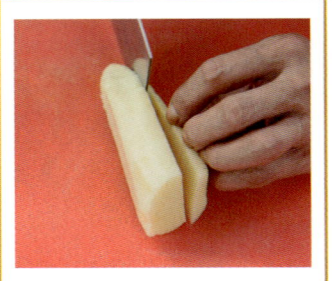 1 將桶筍去除圓弧邊。	 2 切成3公分厚片，長5公分，片刀逆紋切割間距0.4公分，深度達2/3。	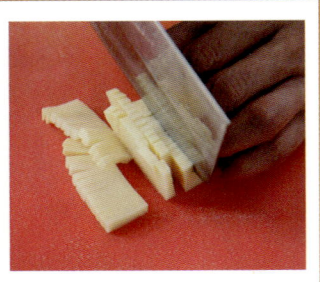 3 以片刀直刀切0.3公分梳子花刀片。
 桶筍絲	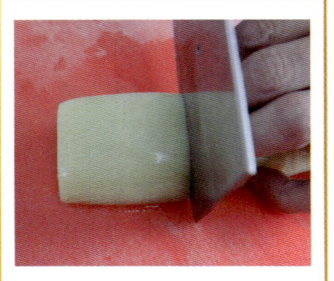 1 以片刀取5公分長的筍塊。	 2 順紋切成0.3公分薄片。	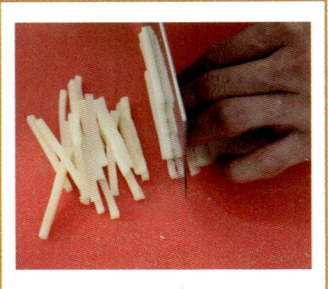 3 將筍片排列整齊，切成0.3公分細絲。
 桶筍鬆	 1 順紋切成0.2公分薄片。	 2 將筍片排列整齊後，切成0.2公分細絲。	 3 以片刀將細絲切成0.2公分的小粒狀。

▼ 素 / 加工食品類

刀工	步驟		
桶筍丁	1 以片刀切成1公分厚片。	2 再將桶筍切成1公分條。	3 排列整齊後切1公分桶筍丁。
桶筍指甲片	1 以片刀切成1公分厚片。	2 再將桶筍切成1公分條。	3 排列整齊後切0.2公分指甲片。
榨菜片	1 以片刀將外面老皮去除後，修成5公分長，寬3公分。	2 榨菜切成0.3公分片。	
酸菜絲	1 片刀修除外圍葉子。	2 將酸菜修成0.3公分薄片，5公分長。	3 排列整齊，切成0.3公分長絲狀。

▼ 素／加工食品類　　　　　　　　　　　　　▼ 葷／加工食品類

刀工	步驟	刀工	步驟
冬菜末	1 冬菜切末。	家鄉肉片	1 去皮，以片刀切成 5 公分長，寬 3 公分，厚 0.3 公分片狀。

▼ 蔬菜類：去皮

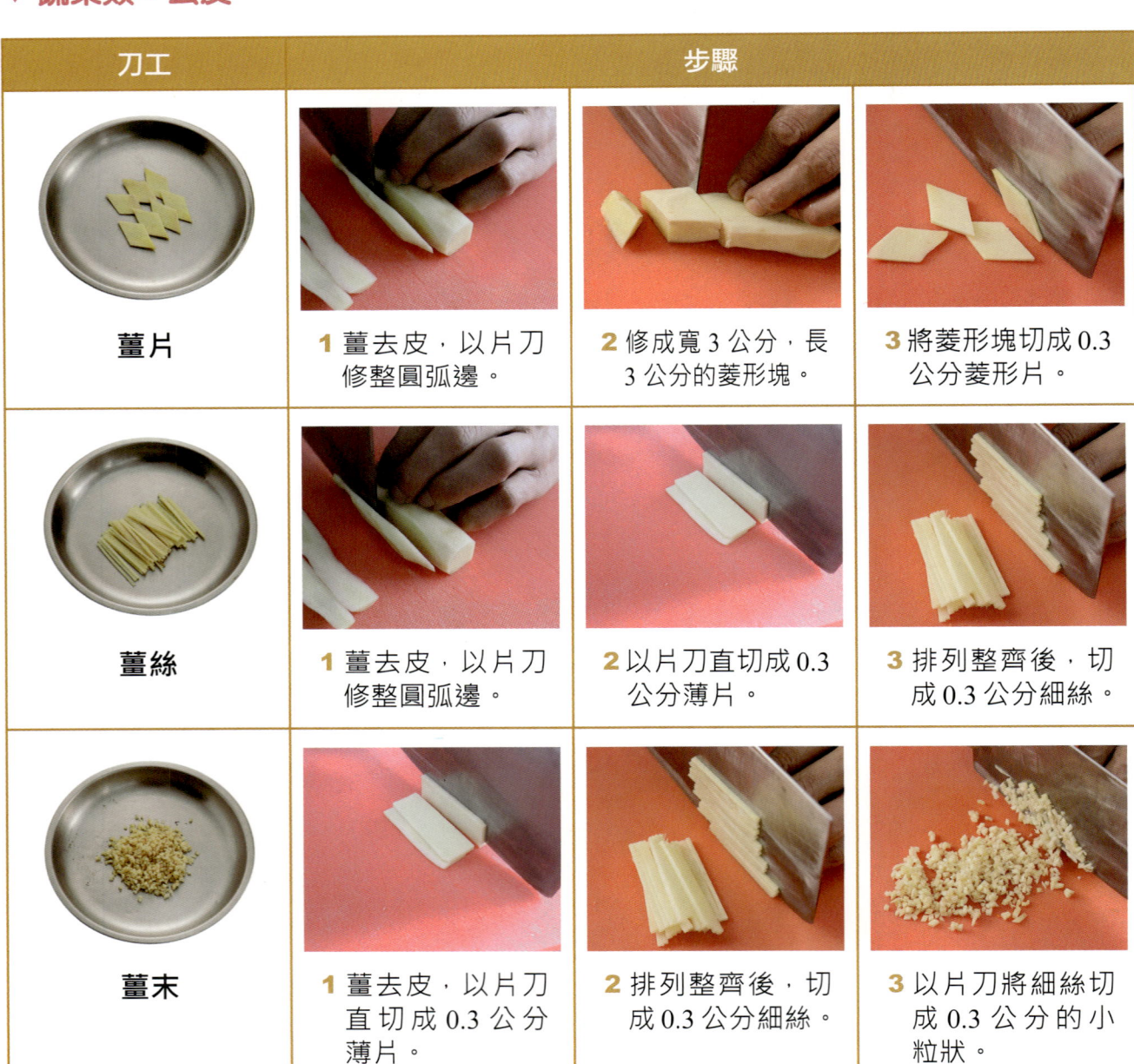

刀工	步驟		
薑片	1 薑去皮，以片刀修整圓弧邊。	2 修成寬 3 公分，長 3 公分的菱形塊。	3 將菱形塊切成 0.3 公分菱形片。
薑絲	1 薑去皮，以片刀修整圓弧邊。	2 以片刀直切成 0.3 公分薄片。	3 排列整齊後，切成 0.3 公分細絲。
薑末	1 薑去皮，以片刀直切成 0.3 公分薄片。	2 排列整齊後，切成 0.3 公分細絲。	3 以片刀將細絲切成 0.3 公分的小粒狀。

▼ 蔬菜類：去皮

刀工	步驟
蒜頭片	1 蒜頭去頭尾後，去除外膜表皮。 2 以片刀逆紋方向切 0.2 公分片。
蒜頭末	1 蒜頭去頭尾後，去除外膜表皮。 2 以片刀逆紋方向切 0.2 公分片。 3 再以片刀將蒜片切碎。
洋蔥片	1 將洋蔥頭尾去除。 2 洋蔥表皮以片刀直劃一刀，方便剝除外皮。 3 剝除外皮。 4 切成 3 公分寬的條形。 5 以片刀切 4 公分長的菱形片。

▼ 蔬菜類：去皮

刀工	步驟		
洋蔥條	1 將洋蔥頭尾去除。	2 洋蔥表皮以片刀直劃一刀，方便剝除外皮。	3 切成寬0.8公分，長5公分條狀。
西芹片	1 以削皮刀去除西芹表面粗纖維。	2 以片刀修成寬3公分。	3 以片刀斜切長4公分菱形片。
西芹條	1 以削皮刀去除西芹表面粗纖維。	2 以片刀切成5公分段。	3 將西芹排列整齊，切0.8公分寬的條。
西芹絲	1 以片刀切成5公分段。	2 以片刀將西芹橫切為二。	3 將西芹排列整齊，切0.3公分寬的細絲。

▼ 蔬菜類：去皮

刀工	步驟		
紅蘿蔔條	1 將紅蘿蔔去皮，切成5公分長，修邊。	2 以片刀切成0.8公分厚片。	3 再將紅蘿蔔切成0.8公分條。
紅蘿蔔丁	1 將紅蘿蔔去皮修邊，以片刀切成1公分厚片。	2 再將紅蘿蔔切成1公分條。	3 排列整齊後，切1公分丁狀。
紅蘿蔔指甲片	1 將紅蘿蔔去皮修邊，以片刀切成1公分厚片。	2 再將紅蘿蔔切成1公分條。	3 排列整齊後，切0.2公分指甲片。
紅蘿蔔絲	1 將紅蘿蔔去皮後，切成5公分長，修邊。	2 以片刀直切成0.3公分薄片。	3 排列整齊後，切成0.3公分細絲。

▼ 蔬菜類：去皮

刀工	步驟		
 紅蘿蔔粒	 1 將紅蘿蔔去皮修邊，以片刀切成0.5公分片。	 2 再將紅蘿蔔切成0.5公分條。	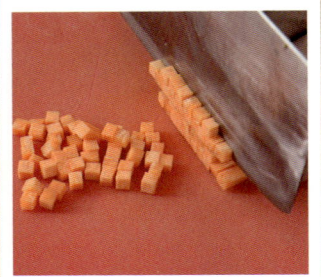 3 排列整齊後，切成0.5公分小粒狀。
 紅蘿蔔鬆	 1 將紅蘿蔔去皮修邊，以片刀直切成0.2公分薄片。	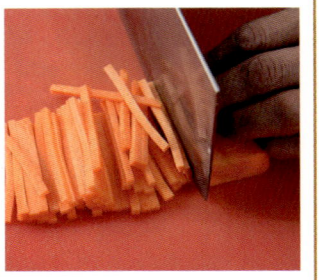 2 排列整齊後，切成0.2公分細絲。	 3 以片刀將細絲切成0.2公分的小粒狀。
 馬鈴薯條	 1 馬鈴薯去皮後，以片刀修成5公分長。	 2 以片刀直刀切0.8公分厚片。	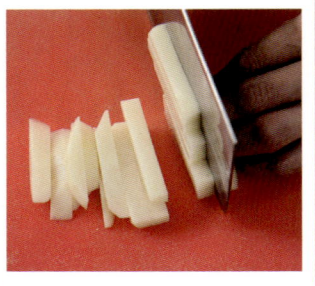 3 排列整齊後，切成0.8公分條形。
 馬鈴薯絲	 1 馬鈴薯去皮後，以片刀修成5公分長。	 2 以片刀直切成0.3公分薄片。	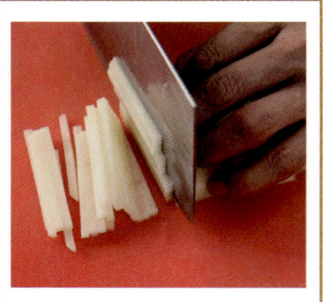 3 排列整齊後，切成0.3公分細絲。

▼ 蔬菜類：去皮

刀工	步驟		
馬鈴薯滾刀塊	1 馬鈴薯去皮後，取一顆馬鈴薯切成 1/4 條形。	2 以片刀斜切 3 公分的滾刀塊。	
豆薯鬆	1 豆薯去皮後，以片刀直切成 0.2 公分薄片。	2 排列整齊後，切成 0.2 公分細絲。	3 以片刀將細絲切成 0.2 公分的小粒狀。

▼ **蔬菜類：不須去皮**

刀工	步驟		
紅辣椒片	1 去蒂頭，以片刀取中心點將紅辣椒剖半。	2 以刀鋒將紅辣椒籽去除。	3 刀斜 45 度，切出長 3 公分的菱形片。
紅辣椒丁	1 去蒂頭，以片刀將紅辣椒剖半去籽。	2 以片刀切成 1 公分條形。	3 刀斜 45 度，切出長 1 公分的菱形丁。

43

▼ 蔬菜類：不須去皮

刀工	步驟		
 紅辣椒絲	 1 去蒂頭，以片刀將紅辣椒剖半去籽。	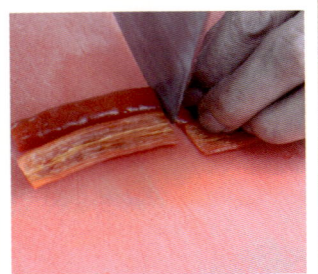 2 以片刀切成 5 公分長。	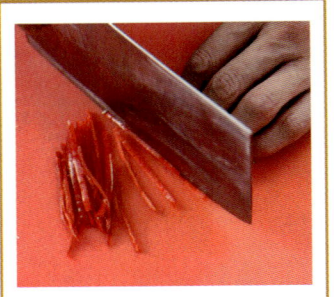 3 以片刀切成 0.3 公分細絲。
 紅辣椒末	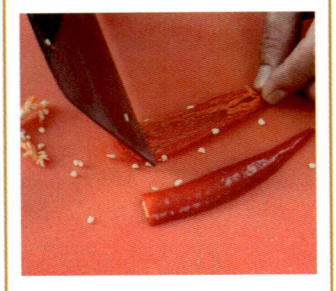 1 去蒂頭，以片刀將紅辣椒剖半去籽。	 2 以片刀切成 0.2 公分細絲。	 3 以片刀將細絲切成 0.2 公分的末。
 蔥段	 1 將蔥排列整齊，以片刀切 3 公分斜段。分蔥白。	 2 將蔥排列整齊，以片刀切 3 公分斜段。分蔥綠。	
 蔥絲	 1 將蔥排列整齊，以片刀直切 5 公分。	 2 以刀面略拍蔥段。	 3 將蔥排列整齊，以片刀直切 0.2 公分細絲。

▼ 蔬菜類：不須去皮

刀工	步驟		
杏鮑菇片	1 以片刀將杏鮑菇修邊。	2 以片刀斜切45度，5公分長段。	3 將杏鮑菇切面朝上，直刀切0.5公分片。
杏鮑菇條	1 以片刀直切1公分厚片。	2 以片刀直切1公分長條。	3 排列整齊直切5公分長。
杏鮑菇丁	1 以片刀直切1公分厚片。	2 以片刀直切1公分長條。	3 刀斜45度，切出長1公分的菱形丁。
杏鮑菇塊	1 取一條新鮮杏鮑菇，以片刀斜45度切。	2 依序切完所有的杏鮑菇，長3公分滾刀塊。	

▼ 蔬菜類：不須去皮

刀工	步驟		
 青椒片	 1 以片刀將青椒頭尾及囊修乾淨。	 2 以片刀切寬3公分片狀。	 3 刀斜45度，切成長3公分的菱形片。
 青椒條	 1 以片刀將青椒頭尾及囊修乾淨。	 2 以片刀直切0.8公分的長條形。	
 青椒絲	 1 以片刀將青椒頭尾及囊修乾淨。	 2 以片刀直切0.3公分的細絲。	
 青椒丁	 1 以片刀將青椒頭尾及囊修乾淨。	 2 以片刀直切1公分的長條形。	 3 排列整齊後，切1公分丁狀。

▼ 蔬菜類：不須去皮

刀工	步驟		
青椒粒	1 以片刀將青椒頭尾及囊修乾淨。	2 再將青椒切成0.5公分條。	3 排列整齊後切0.5公分小粒狀。
紅甜椒條	1 以片刀將紅甜椒頭尾及囊修乾淨。	2 以片刀直切0.8公分的長條形。	
紅甜椒絲	1 以片刀將紅甜椒頭尾及囊修乾淨。	2 以片刀直切0.3公分的細絲。	
黃甜椒條	1 以片刀將黃甜椒頭尾及囊修乾淨。	2 以片刀直切0.8公分的長條形。	

▼ 蔬菜類：不須去皮

刀工	步驟	
 黃甜椒絲	 1 片刀將黃甜椒頭尾及囊修乾淨。	 2 以片刀直切 0.3 公分的細絲。

▼ 肉類

刀工	步驟			
 小排骨塊	 1 以剁刀剁成 3*3 公分塊狀。			
 豬柳與里肌肉條	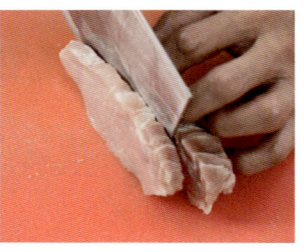 1 以片刀逆紋切 1 公分厚片。	 2 取 6 公分長。	 3 排列整齊後，以片刀切 1 公分條形。	
 荔枝肉球	 1 以片刀將大里肌肉筋膜去除。	 2 以片刀切間距 0.5 公分，刀深約 1/2 深。	 3 以片刀切交叉花刀成小格子狀，長約 4*4 公分。	

▼ 肉類

刀工	步驟		
里肌肉片	1 以片刀將大里肌肉筋膜去除。	2 去除筋膜後，以片刀取 6 公分長度。	3 以片刀逆紋切 0.4 公分片狀。
里肌肉丁	1 去除筋膜後，以片刀切 1 公分厚片。	2 排列整齊後，以片刀切 1 公分條形。	3 再以片刀切 1 公分丁狀。
里肌肉絲	1 去除筋膜後，以片刀取 6 公分長度。	2 以片刀逆紋切 0.3 公分片狀。	3 將豬肉片排列整齊後，切 0.3 公分細絲。
雞片	1 將雞胸肉多餘的筋膜與多餘的油脂去除，取 6 公分長度。	2 若肉片太厚可對半剖開。	3 以片刀斜劈切成 0.3 公分薄片。

▼ 肉類

刀工	步驟		
雞肉絲	1 將雞胸肉多餘的筋膜與多餘的油脂去除，取6公分長度。	2 以片刀切0.3公分薄片。	3 將薄片排列整齊後，順紋切0.3公分絲。
雞柳	1 將雞胸肉多餘的筋膜與多餘的油脂去除，取6公分長度。	2 取雞胸肉中心橫片1公分厚。	3 以片刀順紋切1公分成雞柳。
雞茸	1 以片刀切0.2公分薄片。	2 排列整齊後切0.2公分細絲。	3 再以片刀將排列整齊的絲，切成0.2公分的茸。
雞球	1 以片刀將雞胸肉多餘的筋膜與油脂去除。	2 以片刀切間距0.5公分，刀深約1/2深。	3 再以片刀切交叉花刀成小格子狀，長約4*4公分。

▼ 肉類

刀工	步驟		
 **去骨雞腿丁**	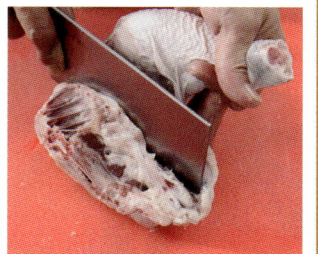 1 取仿雞L腿以剎刀將雞髖處切除。	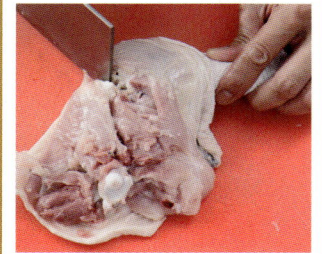 2 以剎刀將雞腿肉表面劃開。	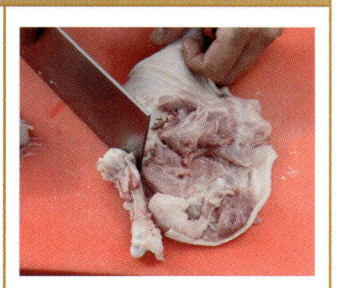 3 以剎刀將雞腿肉表面劃開，使雞骨成外露狀。
	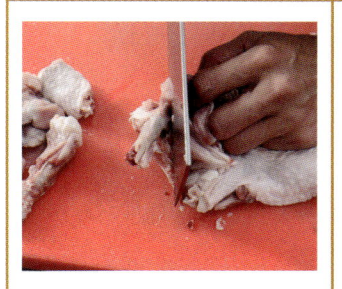 4 將雞腿骨關節處劃開，方便取出腿骨。	 5 完成去骨囉～	 6 取出雞腿骨後，以片刀直切2公分條狀。
	 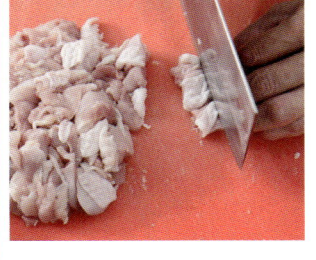 7 排列整齊後，切成2公分丁狀。		
 **帶骨雞胸肉塊**	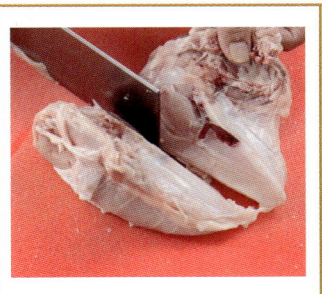 1 以剎刀將帶骨雞胸肉對半剎開。	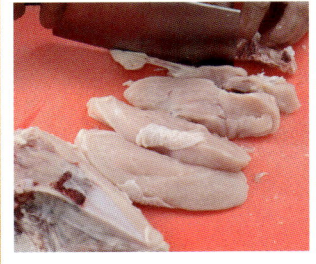 2 再以剎刀剎成3公分粗條狀。	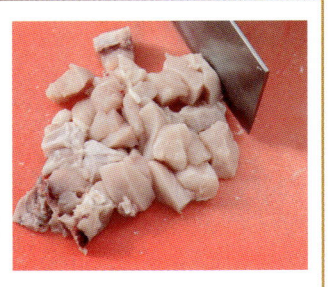 3 將粗條狀再剎成3*3公分的塊狀。

▼ 肉類

刀工	步驟		
 帶骨仿雞腿塊	 1 取仿雞L腿以剁刀將雞髖處切除。	 2 以剁刀將帶骨雞腿剁成3公分長塊狀。	 3 再以剁刀剁成3*3公分不規則塊狀。

▼ 水產類

刀工	步驟		
 鮮蝦	 1 以剪刀將鮮蝦的頭剪掉。	 2 將腳也剪掉，修整如圖。	 3 將蝦殼剝除，去尾殼。
	 4 以牙籤將腸泥清除乾淨。	 5 以片刀橫切為二片。	 6 如圖所示。

▼ 水產類

刀工	步驟
吳郭魚片	1 吳郭魚三去,去除魚鱗。 2 吳郭魚三去,去除內臟。 3 吳郭魚三去,去除魚腮。 4 以文武刀於吳郭魚頭後部,距離魚肉 0.5 公分處下刀,斜度約 45 度切至魚頭下的胸鰭切斷,尾巴也切斷。 5 以文武刀從背部魚鰭處劃開。 6 順著魚骨切至尾端,將魚菲力取下。 7 以文武刀將魚肚旁肋骨切除。 8 以片刀平刀,由內往外將魚皮去除,取魚片中線一切為二,長 5 公分。 9 以片刀順紋斜刀切片狀,厚度 1 公分。

▼ 水產類

刀工	步驟		
 花枝梳子片	 1 將花枝洗淨，去除外膜與內臟。	 2 取 5 公分長後，以片刀切花枝內面，直切間隔 0.4 公分。	 3 片刀斜 25 度，每片厚 0.3 公分梳子花刀。
 花枝絲	 1 將花枝洗淨去除外膜與內臟。	 2 以片刀取 6 公分長，於花枝肉橫切片開成二片，厚度 0.3 公分。	 3 以片刀直切成 0.3 公分細絲。
 鱸魚三去：去鱗、去內臟、去鰓	 1 左手抓住魚頭，以刮鱗刀由魚尾開始。	 2 往頭部仔細的將魚鱗刮除乾淨。	 3 以剪刀由魚的肛臍處剪開，剪至魚頭下巴處。
	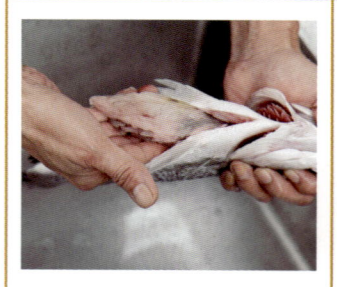 4 以手將魚的內臟取出，活水清理乾淨魚肚。	 5 以剪刀橫穿魚鰓，旋轉 1 圈後，取出魚鰓。	 6 將魚完全的清理乾淨。

▼ 水產類

刀工	步驟		
 **鱸魚魚片** 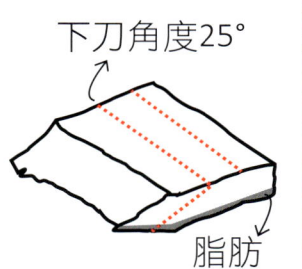 下刀角度25° 脂肪 **示意圖**	 1 以文武刀從魚頭後部，距離魚肉0.5公分處下刀，斜度約45度切至魚頭下的胸鰭切斷。	 2 將魚頭切下後，尾巴也要切下。	 3 順著魚骨切至尾端，將魚菲力取下。
	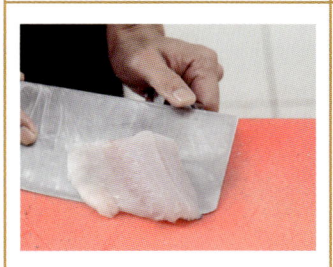 4 以片刀平刀，由內往外，左手緊抓魚皮，右手刀刃朝外。	 5 小心將魚皮去除。	 6 取魚片中線一切為二，長5公分，厚1公分片狀。
 **鱸魚斜瓦片** 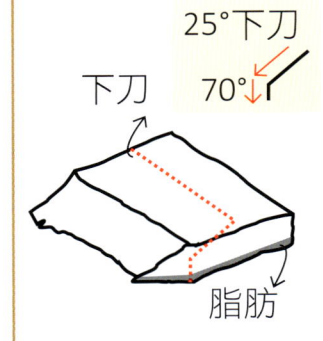 25°下刀 下刀 70° 脂肪 **示意圖**	 1 文武刀從魚頭後部，距離魚肉0.5公分處下刀，斜度約45度切至魚頭下的胸鰭切斷。	 2 將魚頭切下後，尾巴也要切下。	 3 順著魚骨切至尾端，將魚菲力取下。
	 4 以片刀平刀，由內往外，左手緊抓魚皮，右手刀刃朝外。	 5 小心將魚皮去除。	 6 取魚片中線一切為二，長5公分，厚1公分片狀。

▼ 水產類

刀工	步驟		
 **鱸魚魚條**	 1 以文武刀從魚頭後部，距離魚肉 0.5 公分處下刀，斜度約 45 度切至魚頭下的胸鰭切斷。	 2 將魚頭切下後，尾巴也要切下。	 3 順著魚骨切至尾端，將魚菲力取下。
	 4 以片刀平刀，由內往外，左手緊抓魚皮，右手刀刃朝外。	 5 小心將魚皮去除。	 6 以片刀切成長 5 公分，寬 1 公分的條狀。
 **鱸魚雙飛片**	 1 以文武刀從魚頭後部，距離魚肉 0.5 公分處下刀，斜度約 45 度切至魚頭下的胸鰭切斷。	 2 將魚頭切下後，尾巴也要切下。	 3 順著魚骨切至尾端，將魚菲力取下。
	 4 以片刀斜切 45 度，長度 6 公分，厚度 0.3 公分魚皮不切斷。	 5 再以片刀切厚 0.3 公分魚皮切斷；為一刀不斷一刀斷的鱸魚雙飛片。	

▼ 水產類

刀工	步驟
鱸魚魚球	1 以文武刀從魚頭後部，距離魚肉 0.5 公分處下刀，斜度約 45 度切至魚頭下的胸鰭切斷。 2 將魚頭切下後，尾巴也要切下。 3 順著魚骨切至尾端，將魚菲力取下。 4 取一片魚菲力，以片刀斜切 0.5 公分間隔。 5 以片刀斜切 0.5 公分間隔，至魚皮處不斷。 6 將鱸魚肉交叉切花刀。 7 間距約 0.5 公分的十字交叉菊花刀。 8 以片刀切割 4 公分的片狀。

水花總表

紅蘿蔔水花 1	紅蘿蔔水花 2	紅蘿蔔水花 3	紅蘿蔔水花 4
紅蘿蔔水花 5	紅蘿蔔水花 6	紅蘿蔔水花 7	紅蘿蔔水花 8
紅蘿蔔水花 9	紅蘿蔔水花 10	紅蘿蔔水花 11	紅蘿蔔水花 12
紅蘿蔔水花 13	紅蘿蔔水花 14	紅蘿蔔水花 15	紅蘿蔔水花 16
薑水花 1	薑水花 2	薑水花 3	薑水花 4

| 水花 1~3 | 步驟 |

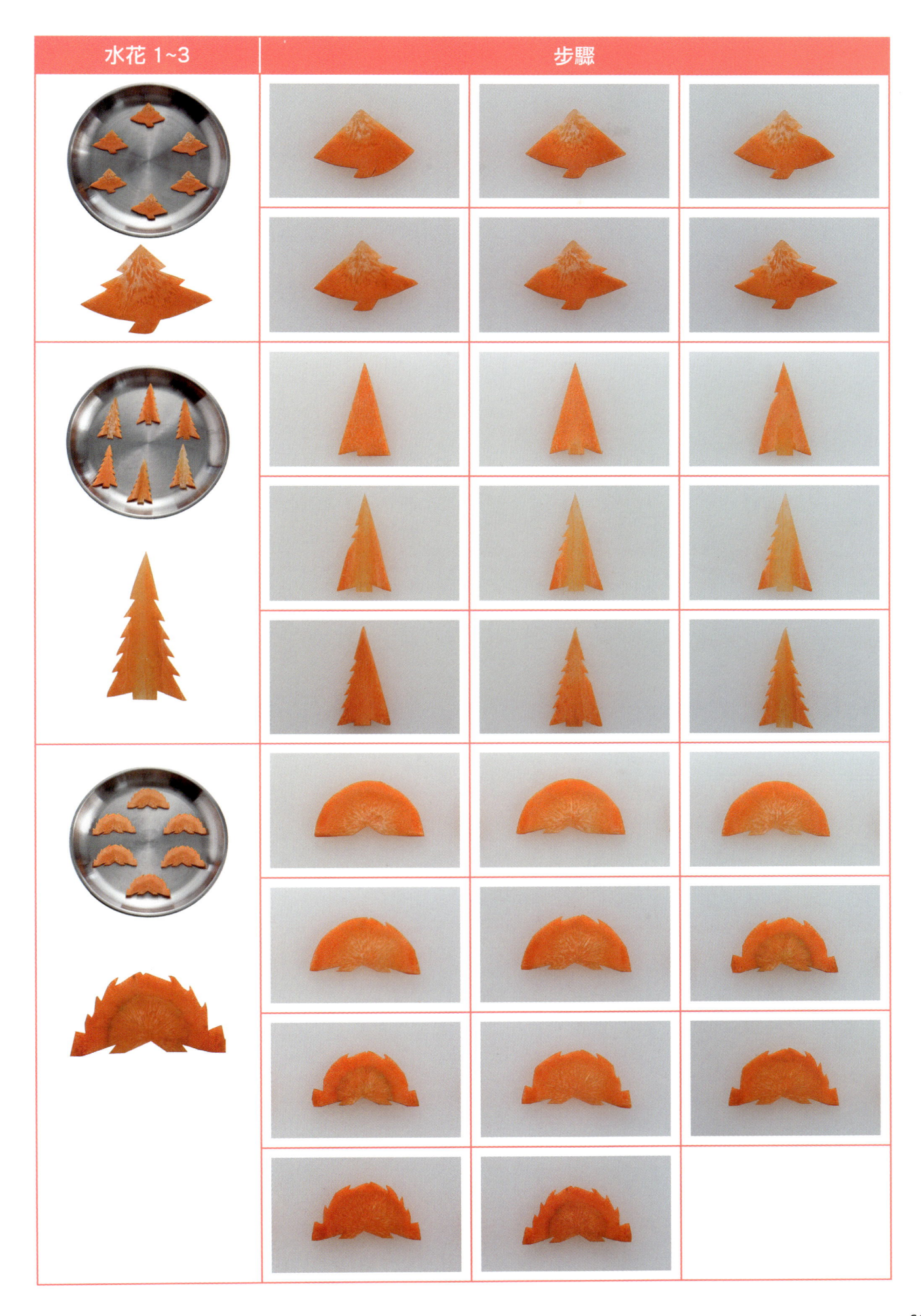

| 水花 4~6 | 步驟 |

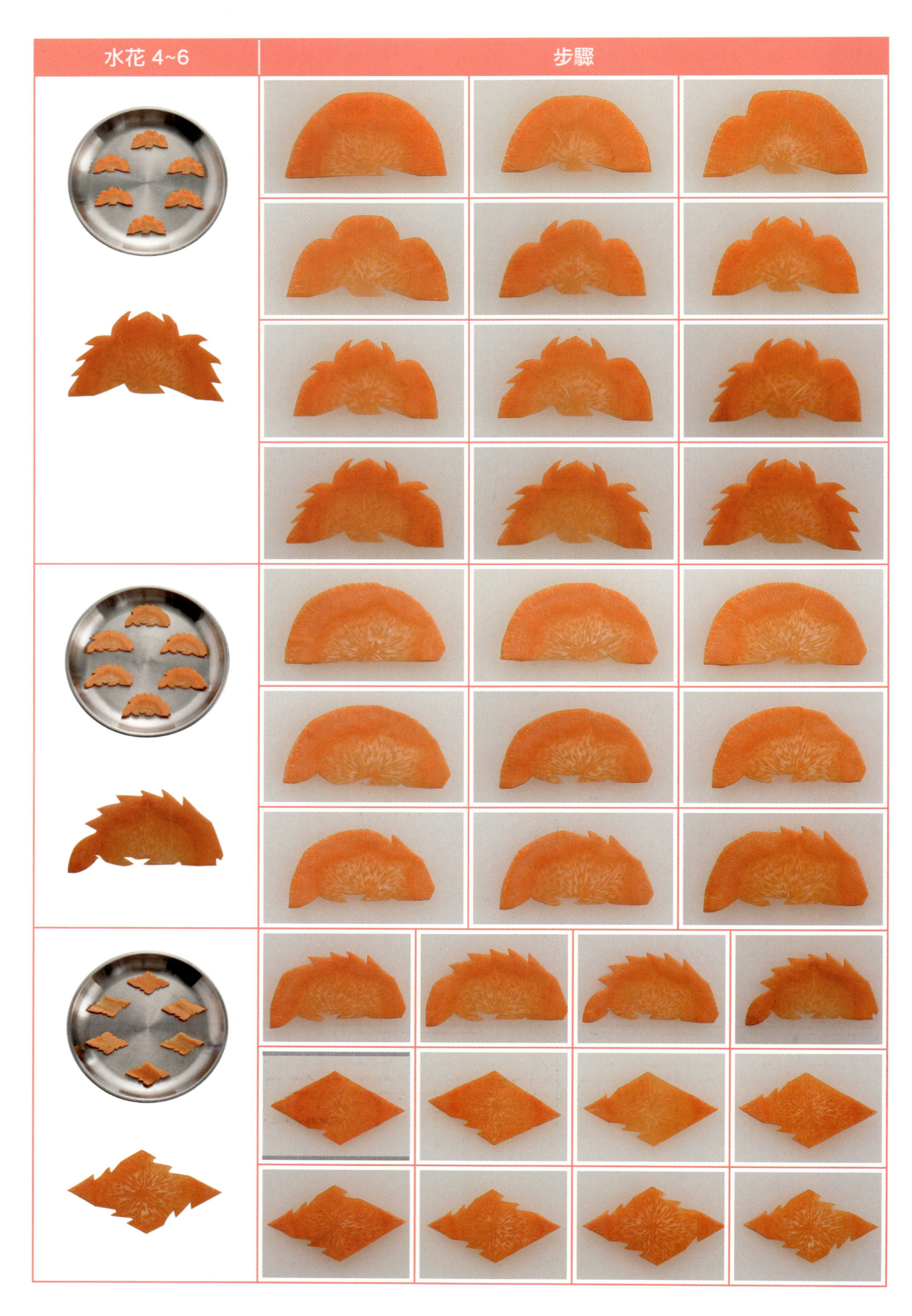

| 水花 7~9 | 步驟 |

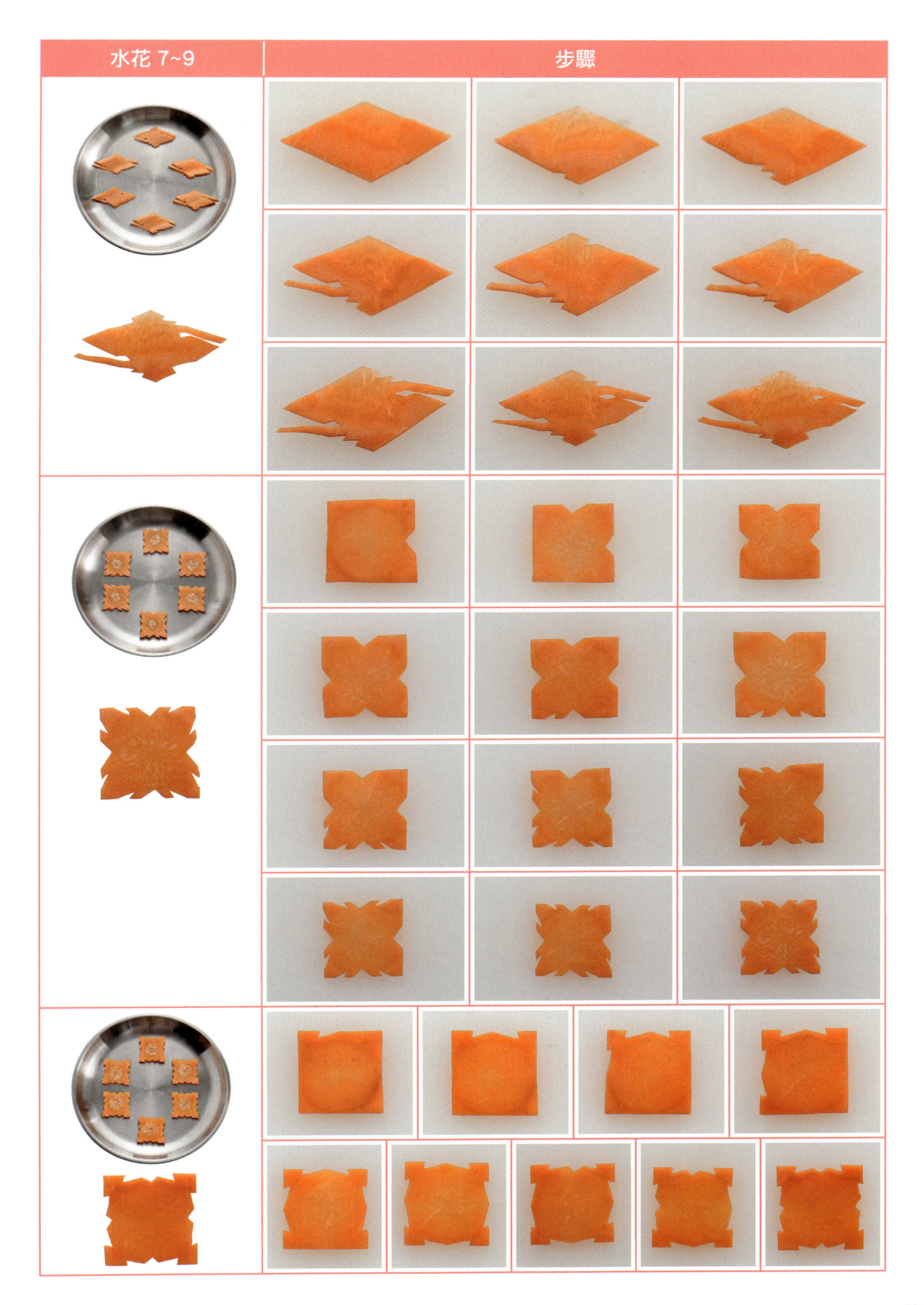

| 水花 10~12 | 步驟 |

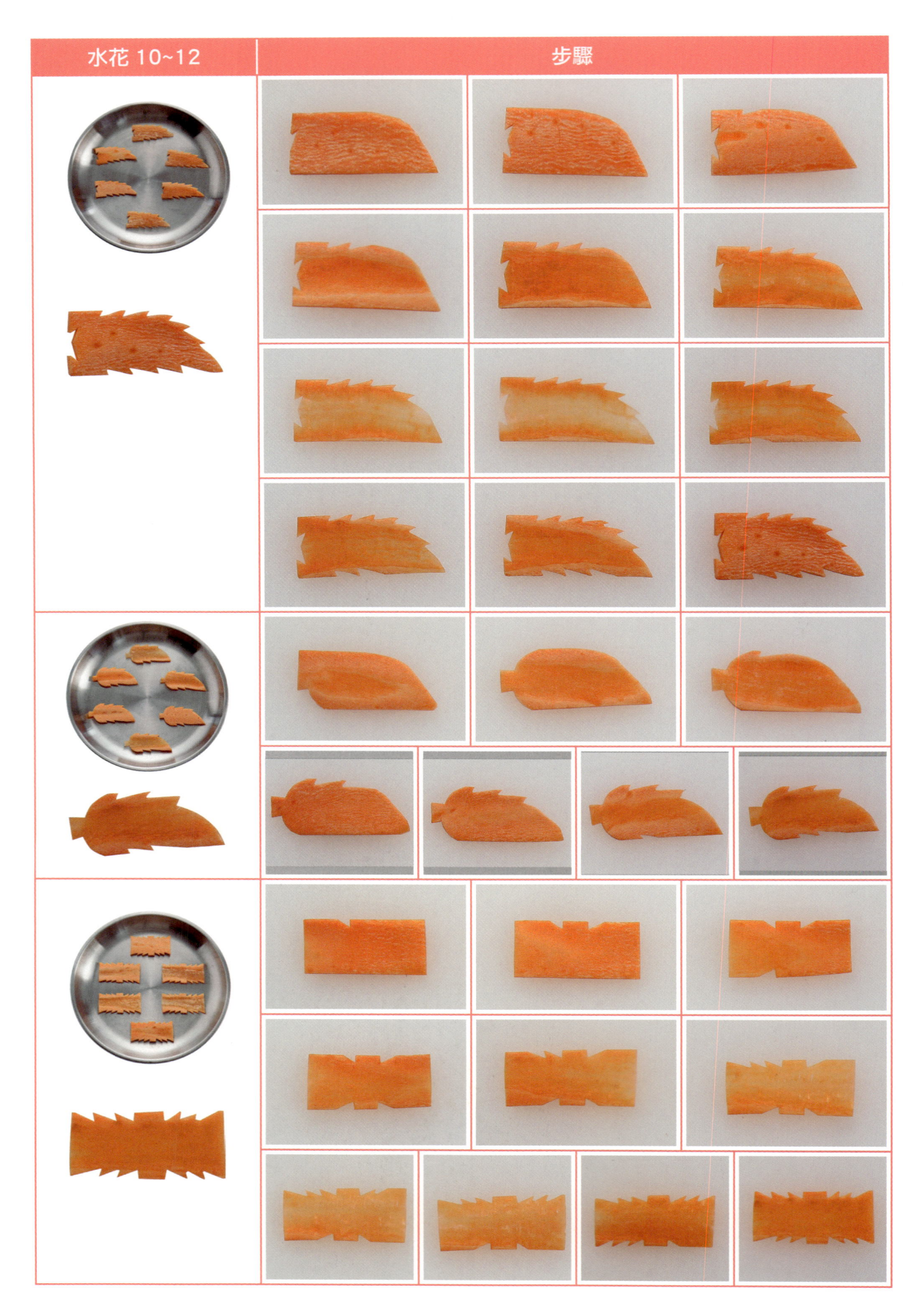

水花 13~14	步驟		

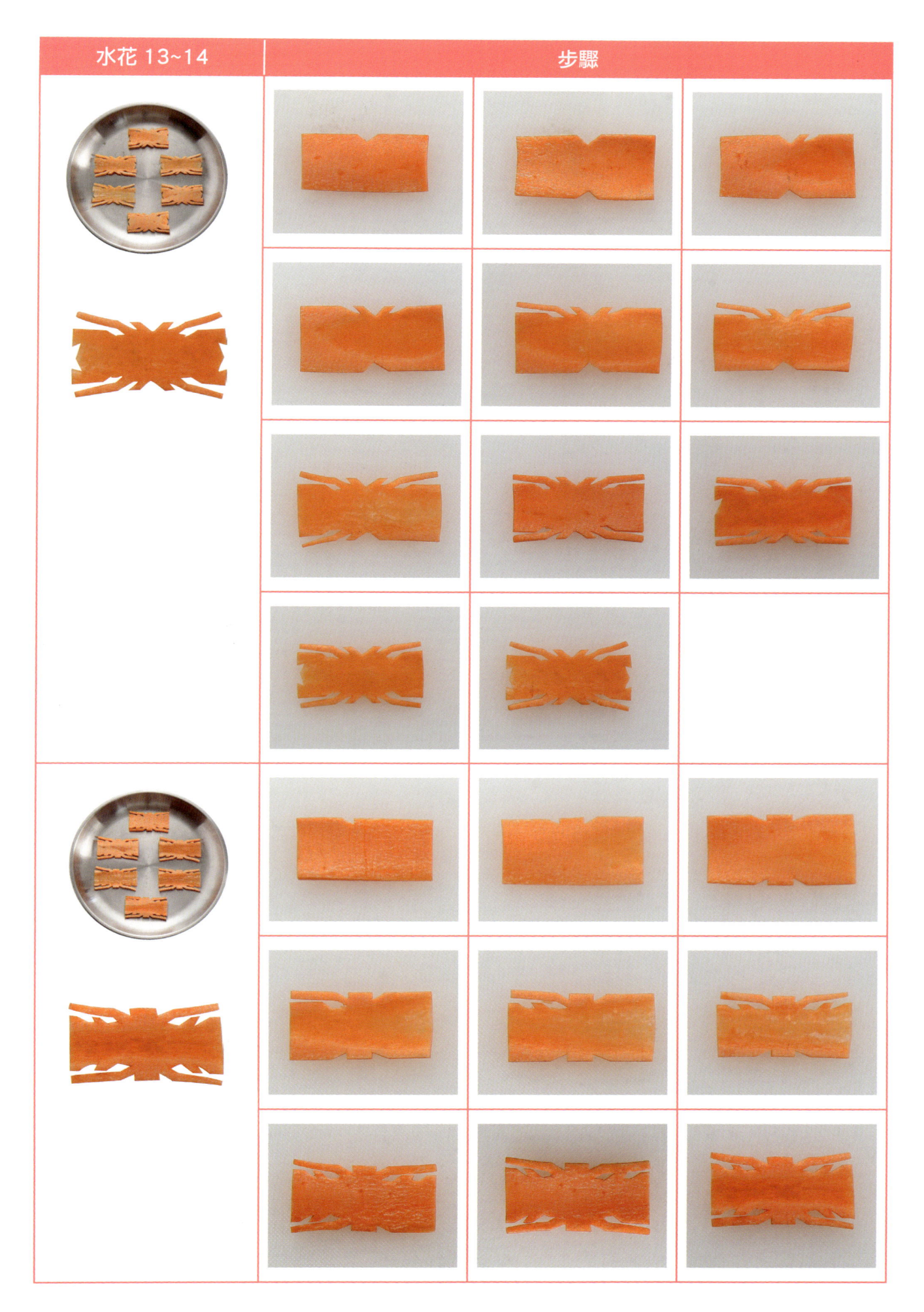

水花 15~16	步驟		

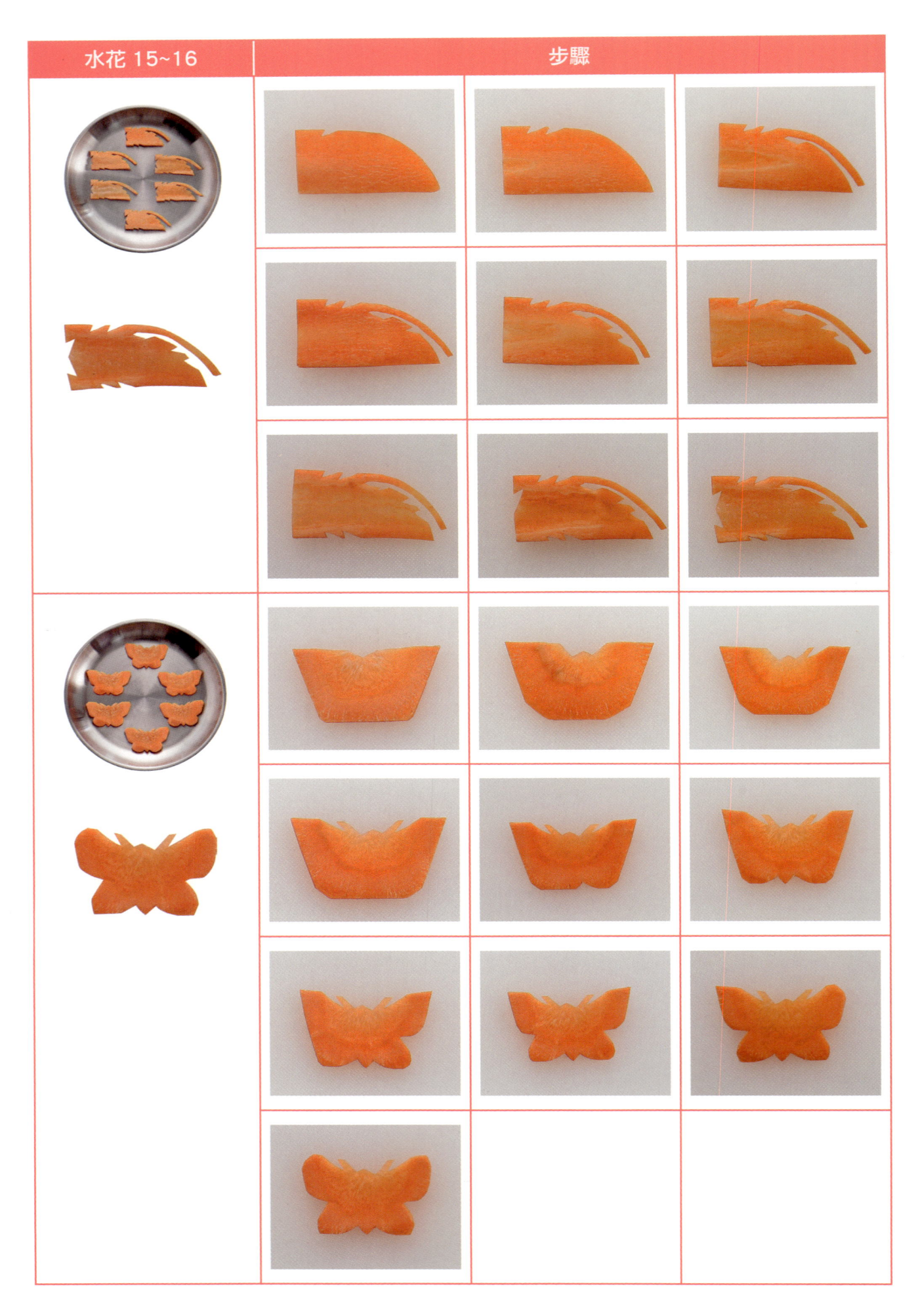

薑水花 1~2	步驟

薑水花 3~4	步驟		

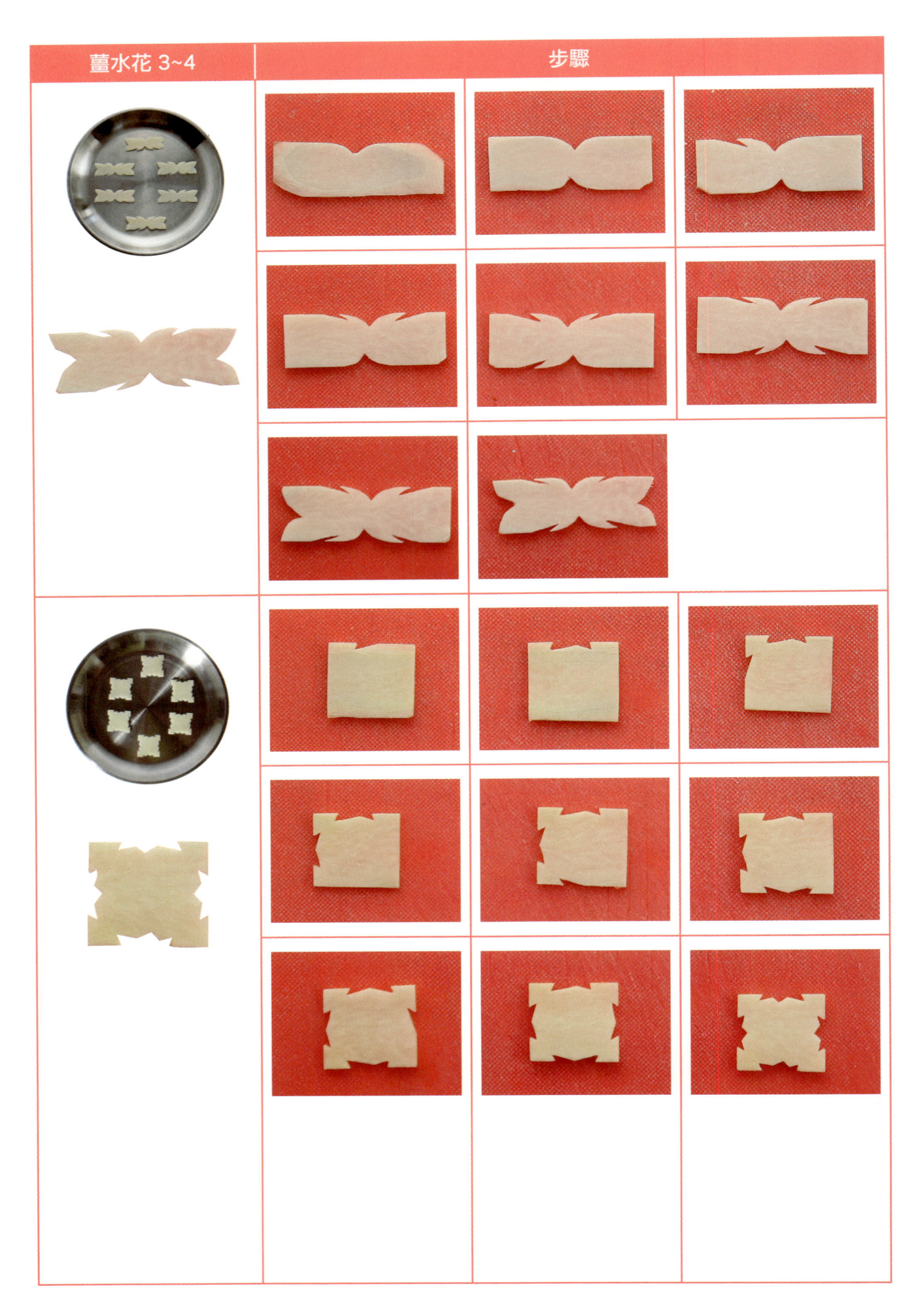

盤飾總表

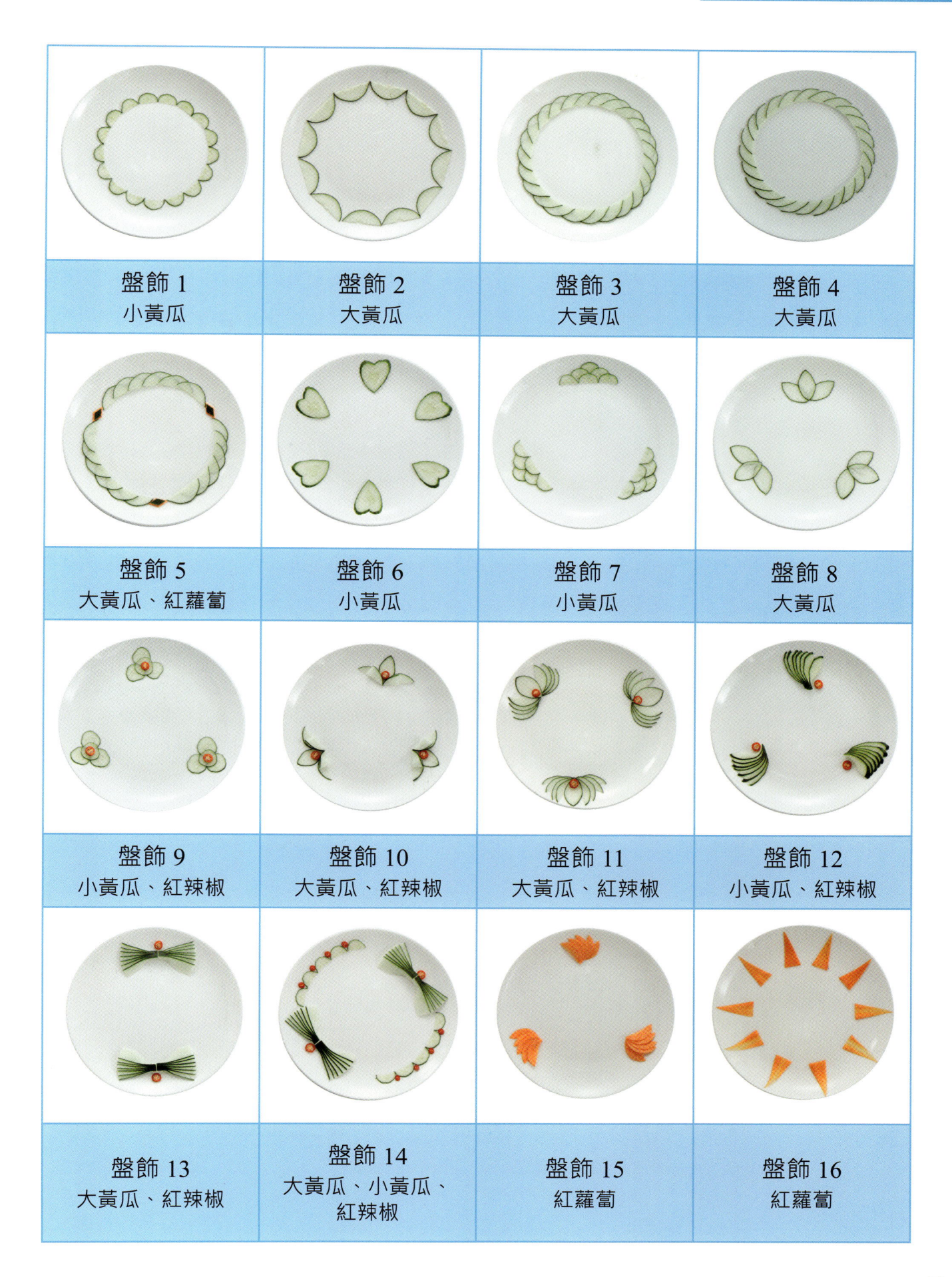

盤飾 1 小黃瓜	盤飾 2 大黃瓜	盤飾 3 大黃瓜	盤飾 4 大黃瓜
盤飾 5 大黃瓜、紅蘿蔔	盤飾 6 小黃瓜	盤飾 7 小黃瓜	盤飾 8 大黃瓜
盤飾 9 小黃瓜、紅辣椒	盤飾 10 大黃瓜、紅辣椒	盤飾 11 大黃瓜、紅辣椒	盤飾 12 小黃瓜、紅辣椒
盤飾 13 大黃瓜、紅辣椒	盤飾 14 大黃瓜、小黃瓜、紅辣椒	盤飾 15 紅蘿蔔	盤飾 16 紅蘿蔔

盤飾 1～4

盤飾	步驟		
小黃瓜	1 取 5 公分小黃瓜一切為二，以片刀切 0.2 公分薄片。	2 取半圓片，順著盤邊排列。	3 繞圓方式完成。
大黃瓜	1 取 5 公分大黃瓜一切為二，以片刀切 0.2 公分薄片。	2 取半圓片，表皮朝內，順著盤邊排列。	3 繞圓方式完成。
大黃瓜	1 取 5 公分大黃瓜切三分之一處。	2 以片刀切 0.2 公分薄片。	3 以繞圓重疊方式排列完成。
大黃瓜	1 取 5 公分大黃瓜切三分之一處，以片刀在表面三分之一處。	2 切一缺口將表皮切斷。	3 切 0.2 公分薄片。
	4 缺口處預留三分之一。	5 以繞圓重疊方式排列。	6 繞圓重疊方式排列，至圓形完成。

盤飾 5～6

盤飾	步驟		
 大黃瓜 紅蘿蔔	 1 取 5 公分大黃瓜切四分之一處，切 0.2 公分薄片 18 片。	 2 取大黃瓜皮，切成 1 公分菱形片 3 片。	 3 紅蘿蔔切成 2 公分菱形片 3 片。
	 4 大黃瓜 6 片為 1 單位，每片重疊約 1/3。	 5 放上紅蘿蔔菱形片，再放上大黃瓜皮菱形片。	 6 排上重疊的大黃瓜片，共 3 組，排成圓形的盤飾。
 小黃瓜	 1 取小黃瓜斜 45 度，切 0.2 公分斜片。	 2 取斜片，於二分之一處斜切。	 3 取一切為二的小黃瓜翻轉一片成心型，均勻排成六等分。

盤飾 7～10

盤飾	步驟		
小黃瓜	1 取 5 公分小黃瓜一切為二，以片刀切 0.2 公分薄片。	2 一等分為 6 個半圓片，由上而下排列。	3 均勻的排成三等分，共 18 片。
大黃瓜	1 取 5 公分大黃瓜切四分之一處，以片刀切 0.2 公分薄片。	2 一等分為 6 片，左右各二片成葉形，中間疊上二片。	3 均勻的排成三等分，共 18 片。
小黃瓜 紅辣椒	1 取 5 公分小黃瓜，以片刀切 0.2 公分薄圓片。	2 一等分為 4 片，底下為三片，中間一圓片疊成花形。	3 均勻排成三等分，共 12 片，紅辣椒切圈放於最上方即可。
大黃瓜 紅辣椒	1 取 5 公分大黃瓜切四分之一處，切 0.2 公分薄片 6 片。	2 切一刀不斷，一刀斷的蝴蝶片 6 份。	3 紅辣椒切 0.2 公分薄圓片 3 份。
	4 一等分為 2 片放中間。	5 蝴蝶刀翻摺，放左右邊排盤。	6 搭配紅辣椒，均勻的排成三等分。

盤飾 11 ～ 13

盤飾	步驟		
 大黃瓜 紅辣椒	 1 取 5 公分大黃瓜切四分之一處，切 0.2 公分薄片，以大黃瓜左右 4 片為 1 組。	 2 中間二片疊上，均勻的排成三等分，共 30 片。	 3 中間搭配紅辣椒圈即可。
 小黃瓜 紅辣椒	 1 取小黃瓜半圓形，以斜刀45度切 8～10 片的黃瓜扇。	 2 用手壓開成扇形，為三等分。	 3 搭配紅辣椒圈，放於黃瓜扇旁即可。
 大黃瓜 紅辣椒	 1 取大黃瓜切 6 公分長，切 4 分之一等分。	 2 裡面的瓜囊去除。	 3 以刀尖切割 0.1 公分薄片，前端預留 1 公分不能切斷。
	 4 將大黃瓜切出扇型，每組約 7 片，共 4 組。	 5 片刀將瓜肉取出一小弧形。	 6 輕壓固定成扇形。
	 7 以不同方向壓開，排列於盤內。	 8 以不同方向壓開，排列於盤內。	 9 中間搭配紅辣椒即可。

73

盤飾 14～16

盤飾	步驟		
大黃瓜 小黃瓜 紅辣椒	1 參考盤飾 13，將大黃瓜切出 4 組扇型，以不同方向壓開，排列於盤內。	2 切小黃瓜半圓片 10 片，搭配在扇型中間。	3 中間搭配紅辣椒圈即可。
紅蘿蔔	1 取紅蘿蔔頭約 3 公分，切弧形邊約 1.5 公分，切 0.2 公分月牙薄片。	2 一等分為 5 片，重疊成扇型。	3 均勻的排成三等分，共 15 片。
紅蘿蔔	1 取紅蘿蔔尾約 7 公分，切出長三角形，0.2 公分薄片。	2 以放射狀排列。	3 均勻的排成 10 等分。

三段式打蛋法

蛋之處理程序未依下列順序處理者,衛生評分扣 20 分。

1 手持已洗滌好之蛋,敲於乾淨配料碗外緣(亦可為裝蛋之容器)。

2 剝開蛋殼,將蛋放入第二個配料碗內。

3 檢視蛋有無腐壞,集中於第三配料碗內。

4 即可用於烹調處理。

301 總表

301-1	❶ 青椒炒肉絲 P.81	❷ 茄汁燴魚片 P.82	❸ 乾煸四季豆 P.83
301-2	❶ 燴三色肉片 P.87	❷ 五柳溜魚條 P.88	❸ 馬鈴薯炒雞絲 P.89
301-3	❶ 蛋白雞茸羹 P.93	❷ 菊花溜魚球 P.94	❸ 竹筍炒肉絲 P.95
301-4	❶ 黑胡椒豬柳 P.99	❷ 香酥花枝絲 P.100	❸ 薑絲魚片湯 P.101
301-5	❶ 香菇肉絲油飯 P.105	❷ 炸鮮魚條 P.106	❸ 燴三鮮 P.107
301-6	❶ 糖醋瓦片魚 P.111	❷ 燜燒辣味茄條 P.112	❸ 炒三色肉丁 P.113

301-7	❶ 榨菜炒肉片 P.117	❷ 香酥杏鮑菇 P.118	❸ 三色豆腐羹 P.119
301-8	❶ 脆溜麻辣雞球 P.123	❷ 銀芽炒雙絲 P.124	❸ 素燴三色杏鮑菇 P.125
301-9	❶ 五香炸肉條 P.129	❷ 三色煎蛋 P.130	❸ 三色冬瓜捲 P.131
301-10	❶ 涼拌豆干雞絲 P.135	❷ 辣豉椒炒肉丁 P.136	❸ 醬燒筍塊 P.137
301-11	❶ 燴咖哩雞片 P.141	❷ 酸菜炒肉絲 P.142	❸ 三絲淋蛋餃 P.143
301-12	❶ 雞肉麻油飯 P.147	❷ 玉米炒肉末 P.148	❸ 紅燒茄段 P.149

Part E、術科全解析‥301 大題總表

301-01

❶ 青椒炒肉絲　　❷ 茄汁燴魚片　　❸ 乾煸四季豆

▶ 菜名與食材切配依據

菜餚名稱	主要刀工	烹調法	主材料類別	材料組合	水花款式	盤飾款式
青椒炒肉絲	絲	炒、爆炒	大里肌肉	青椒、紅辣椒、蒜頭、薑、大里肌肉	參考規格明細	參考規格明細
茄汁燴魚片	片	燴	鱸魚	小黃瓜、紅蘿蔔、薑、洋蔥、鱸魚		
乾煸四季豆	末	煸	四季豆	蝦米、冬菜、四季豆、蔥、薑、蒜頭、豬絞肉		

▶ 材料清點卡 - 材料明細

材料	規格描述	重量(數量)	備註
蝦米	紮實無異味	10g	
冬菜	效期內	10g	
青椒	表面平整不皺縮不潰爛	1個	120g以上/個
紅蘿蔔	表面平整不皺縮不潰爛	1條	300g以上/條,若為空心須再補發
紅辣椒	表面平整不皺縮不潰爛	2條	10g以上/條
蔥	新鮮飽滿	100g	
薑	長段無潰爛	100g	需可切絲、片、末
小黃瓜	不可大彎曲鮮度足	2條	80g以上/條
大黃瓜	表面平整不皺縮不潰爛	1截	6公分長/1截
洋蔥	飽滿無潰爛無黑心	1/4個	250g以上/個
四季豆	飽滿鮮度足	200g	每支長14cm以上
蒜頭	飽滿無發芽無潰爛	20g	
大里肌肉	分切完整塊狀鮮度足可供橫紋切長絲	200g	
豬絞肉	鮮度足無異味	50g	
鱸魚	體形完整鮮度足未處理	1隻	600g以上/隻,非活魚

▶ 刀工作品規格卡 - 規格明細

第一階段繳交刀工作品規格(係取自菜名與食材切配依據表所示之成品,只需取出規格明細表所示之種類數量,每一種類的數量皆至少有3/4量符合其規定尺寸,其餘作品留待烹調時適量取用)。受評分刀工作品以配菜盤分類盛裝受評,另加兩種盤飾以2只瓷盤盛裝擺設。

刀工作品規格卡

材料	規格描述（長度單位：公分）	數量	備註
紅蘿蔔水花片兩款	自選1款及指定1款，指定款須參考下列指定圖(形狀大小需可搭配菜餚)厚薄度（0.3～0.4公分）	各6片以上	
配合材料擺出兩種盤飾	下頁指定圖3選2	各1盤	
冬菜末	直徑0.3以下碎末	切完	
薑末	直徑0.3以下碎末	10g以上	
蒜末	直徑0.3以下碎末	10g以上	
青椒絲	寬、高(厚)各為0.2～0.4，長4.0～6.0	切完	
薑絲	寬、高(厚)各為0.3以下，長4.0～6.0	10g以上	
紅辣椒絲	寬、高(厚)各為0.3以下，長4.0～6.0	1條切完	
蔥花	長、寬、高(厚)各為0.2～0.4	15g以上	
里肌肉絲	寬、高(厚)各為0.2～0.4，長4.0～6.0	100g以上	去筋膜
魚片	長4.0～6.0、寬2.0～4.0、高(厚)0.8～1.5	切完	頭尾勿丟棄，成品用

烹調指引卡

第二階段烹調說明：請依題意及菜名與食材切配依據表需求自刀工切配作品中適量取用，加入之食材種類不得短少，否則依不符題意處理（即該道菜判定為60分以下），水花則依配色或烹調量需求，需有兩款但各款數量不一定要全加。

（1）青椒炒肉絲

烹調規定	1. 肉絲需調味上漿、汆燙或過油皆可 2. 青椒絲汆燙或過油皆可 3. 以蒜末、薑絲爆香，加上食材以炒或爆炒完成
烹調法	炒、爆炒
調味規定	以鹽、酒、糖、味精、胡椒粉、香油、太白粉水等調味料自選合宜使用
備註	規定材料不得短少

（2）茄汁燴魚片

烹調規定	1. 魚片需調味上漿，沾乾粉炸酥 2. 以薑片、洋蔥片爆香，再與小黃瓜片、水花及魚片燴煮成菜 3. 頭尾炸酥，全魚排盤呈現
烹調法	燴
調味規定	以鹽、番茄醬、醬油、酒、白醋、烏醋、糖、味精、胡椒粉、香油、地瓜粉、太白粉等調味料自選合宜使用
備註	魚片的碎爛不得超過1/3之魚片總量，規定材料不得短少

（3）乾煸四季豆

烹調規定	1. 四季豆以熱油過油至脫水皺縮呈黃綠而不焦黑，或以煸炒法煸至乾扁脫水皺縮呈黃綠而不焦黑 2. 以豬絞肉、香料炒香，以炒、煸炒法收汁完成(需含蔥花)
烹調法	煸
調味規定	以鹽、醬油、酒、糖、味精、水、白醋、香油等調味料自選合宜使用
備註	焦黑部份不得超過總量之1/4，不得出油而油膩，規定材料不得短少

第一階段：清洗、切配、工作區域清理

☑ **清潔**

瓷碗盤 → 配料碗盤盆 → 鍋具 → 烹調用具（菜鏟、炒杓、大漏杓、調味匙、筷子）→ 刀具（即菜刀，其他刀具使用前消毒即可）→ 砧板 → 抹布 → 洗畢歸位

☑ **消毒**

刀具、砧板、抹布（例如熱水沸煮、化學法，本題庫選用酒精消毒）

洗滌順序為：		切割順序為：（※ 參考指定水花、盤飾，優先將兩者切出）	
乾貨 → 素-加工食品類 → 葷-加工食品類 → 蔬果類 → 肉類（順序為：牛羊豬雞鴨）→ 蛋類 → 水產類		乾貨 → 素-加工食品類 → 葷-加工食品類 → 蔬果類 → 肉類（順序為：牛羊豬雞鴨）→ 蛋類 → 水產類	
乾貨	洗淨蝦米瀝乾水分	乾貨	蝦米切碎
加工食品（素）	洗淨冬菜瀝乾水分	加工食品（素）	冬菜切末
加工食品（葷）	無	加工食品（葷）	無
蔬果類	紅蘿蔔去皮；青椒去蒂洗淨；紅辣椒去頭尾；蔥去蒂頭尾葉；洗淨小黃瓜、大黃瓜；四季豆去頭尾，剝去細絲；蒜頭去膜；洋蔥去頭尾剝皮；薑去皮	蔬果類	紅蘿蔔切水花片；青椒切絲；紅辣椒切絲；蔥切花，分出蔥白、蔥綠；小黃瓜切片；四季豆去頭尾；蒜頭切末；洋蔥切菱形片；薑切絲、切末、切菱形片
肉類	洗淨大里肌肉、豬絞肉，瀝乾水分	肉類	大里肌肉去筋膜切絲
蛋類	無	蛋類	無
水產類	鱸魚三去，去除魚鱗、內臟、魚鰓洗淨	水產類	鱸魚取魚肉片，剖開魚頭，與魚尾修飾備用

水花及盤飾參考 ▶ 依指定圖完成，可受公評並獲得普遍認同之美感。

受評刀工示範圖檔 ▶

指定水花（擇一）

指定盤飾（擇一）

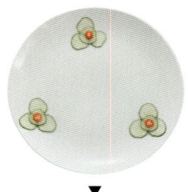

▼ 大黃瓜、小黃瓜、紅辣椒　　▼ 小黃瓜、紅辣椒　　▼ 大黃瓜

盤飾 	☑ 受評刀工 	非受評刀工 

301 / 01

第二階段　70分鐘

❶ 青椒炒肉絲　炒、爆炒

作法：

1. 大里肌肉調味上漿；芡水備妥（圖1）
2. 準備一鍋滾水，汆燙青椒絲，撈起瀝乾；原鍋水繼續煮滾，關火放入大里肌肉快速拌開，開火汆燙，燙熟後撈起瀝乾。（圖2）
3. 熱鍋加入1大匙沙拉油，爆香蒜末、薑絲，略炒後放入紅辣椒絲、大里肌肉絲、青椒絲炒勻，加入調味料拌炒均勻，以適量太白粉水勾芡即可。（圖3～4）

材料：

青椒1個（約120g）、紅辣椒1條（約10g）、蒜頭3瓣、薑20g、大里肌肉200g

調味料：

鹽1小匙、糖1小匙、香油1/4小匙、水60cc、白胡椒粉1/4小匙、醬油1大匙、米酒1大匙

▶醃料：鹽1/2小匙、米酒1大匙、白胡椒粉1/4小匙、太白粉1大匙

▶芡水：太白粉1大匙、水1大匙

圖1　　圖2　　圖3　　圖4

301

01

第二階段　70分鐘

❷ 茄汁燴魚片　燴

作法：

1. 魚頭、魚尾、魚片上漿，沾粉備用；芡水備妥。
2. 起油鍋至油溫約 180℃，先下魚頭、魚尾炸約 5 分鐘撈起，再下魚片炸至表面微黃，放入魚頭、魚尾一同炸熟，撈起備用。（圖 1）
3. 準備一鍋滾水，汆燙紅蘿蔔水花片、小黃瓜，撈起瀝乾。
4. 熱鍋加入 1 大匙沙拉油，爆香薑片、洋蔥片，炒至洋蔥微微透明，放入調味料煮勻，加入適量太白粉水勾芡，放入小黃瓜、紅蘿蔔水花片、魚片拌炒，煮至濃稠。（圖 2～4）
5. 將魚頭、魚尾全魚擺盤，倒入處理好的料理，以全魚擺盤呈現。

材料：

洋蔥 1/4 個（約 60g）、紅蘿蔔 1 條（約 300g）、小黃瓜 1 條（約 80g）、薑 20g、鱸魚 1 條（約 600g 以上）

調味料：

鹽 1/4 小匙、水 150cc、番茄醬 4 大匙、米酒 1 小匙

▶ 上漿：鹽 1/4 小匙、米酒 1 大匙
▶ 沾粉：太白粉 3 大匙、麵粉 3 大匙
▶ 芡水：太白粉 1 大匙、水 1 大匙

圖 1 　　圖 2 　　圖 3 　　圖 4

③ 乾煸四季豆　煸

作法：

1. 起油鍋至油溫約 180℃，將四季豆炸至脫水皺縮（不焦黑），撈起備用。（圖1）
2. 熱鍋加入 1 大匙沙拉油，將蒜末、薑末、冬菜末炒香，加入蝦米爆香，加入豬絞肉拌炒至熟透。（圖2～3）
3. 加入四季豆、蔥花炒勻，加入調味料（除了香油）炒勻，起鍋前加入少許香油。（圖4）

材料：

冬菜 10g、蝦米 10g、四季豆 200g、蔥 1 支、薑 20g、蒜頭 4～5 瓣、豬絞肉 50g

調味料：

米酒 1 小匙、鹽 1/4 小匙、醬油 1 小匙、糖 1 小匙、香油 1/4 小匙

圖1 　　圖2 　　圖3 　　圖4

301-02

❶ 燴三色肉片　❷ 五柳溜魚條　❸ 馬鈴薯炒雞絲

▶ 菜名與食材切配依據

菜餚名稱	主要刀工	烹調法	主材料類別	材料組合	水花款式	盤飾款式
燴三色肉片	片	燴	大里肌肉	桶筍、小黃瓜、紅蘿蔔、蔥、薑、大里肌肉	參考規格明細	參考規格明細
五柳溜魚條	條、絲	脆溜	鱸魚	乾木耳、桶筍、青椒、紅蘿蔔、紅辣椒、蔥、薑、鱸魚		
馬鈴薯炒雞絲	絲	炒、爆炒	馬鈴薯雞胸肉	馬鈴薯、紅辣椒、蒜頭、雞胸肉		

▶ 材料清點卡 - 材料明細

材料	規格描述	重量(數量)	備註
乾木耳	大片無長黴，需足供切出整齊的 20 粗絲	2 大片	5g/大片，可於洗鍋具時優先煮水浸泡於乾貨類切割
桶筍	若為空心或軟爛不足需求量，應檢人可反應更換	1 支	去除筍尖的實心淨肉至少 200g，需縱切檢視才分發，烹調時需去酸味
小黃瓜	不可大彎曲鮮度足	2 條	80g 以上/條
大黃瓜	表面平整不皺縮不潰爛	1 截	6 公分長/截
紅蘿蔔	表面平整不皺縮不潰爛	1 條	300g 以上/條，若為空心須再補發
蔥	新鮮飽滿	80g	
青椒	表面平整不皺縮不潰爛	1/2 個	120g 以上/個
紅辣椒	表面平整不皺縮不潰爛	2 條	10g 以上/條
薑	長段無潰爛	80g	需可切絲、片
馬鈴薯	無芽眼、潰爛	1 個	150g 以上/個
蒜頭	飽滿無發芽無潰爛	10g	
大里肌肉	完整塊狀鮮度足可供橫紋切大片	200g	
雞胸肉	帶骨帶皮，鮮度足	1/2 付	360g 以上/付
鱸魚	體形完整鮮度足未處理	1 隻	600g 以上/隻，非活魚

▶ 刀工作品規格卡 - 規格明細

第一階段繳交刀工作品規格（係取自菜名與食材切配依據表所示之成品，只需取出規格明細表所示之種類數量，每一種類的數量皆至少有 3/4 量符合其規定尺寸，其餘作品留待烹調時適量取用）。受評分刀工作品以配菜盤分類盛裝受評，另加兩種盤飾以 2 只瓷盤盛裝擺設。

材料	規格描述（長度單位：公分）	數量	備註
紅蘿蔔水花片兩款	自選 1 款及指定 1 款，指定款須參考下列指定圖（形狀大小需可搭配菜餚）厚薄度（0.3～0.4公分）	各 6 片以上	
配合材料擺出兩種盤飾	下頁指定圖 3 選 2	各 1 盤	
木耳絲	寬 0.2～0.4，長 4.0～6.0，高（厚）依食材規格	20 絲以上	
青椒絲	寬、高（厚）各為 0.2～0.4，長 4.0～6.0	25 絲以上	
紅蘿蔔絲	寬、高（厚）各為 0.2～0.4，長 4.0～6.0	25 絲以上	
薑絲	寬、高（厚）各為 0.3 以下，長 4.0～6.0	5g 以上	
蔥絲	寬、高（厚）各為 0.3 以下，長 4.0～6.0	5g 以上	
馬鈴薯絲	寬、高（厚）各為 0.2～0.4，長 4.0～6.0	100g 以上	
里肌肉片	長 4.0～6.0，寬 2.0～4.0，高（厚）0.4～0.6	切完	去筋膜
雞絲	寬、高（厚）各為 0.2～0.4，長 4.0～6.0	100g 以上	
魚條	寬、高（厚）各為 0.8～1.2，長 4.0～6.0	切完	頭尾勿丟棄，成品用

第二階段烹調說明：請依題意及菜名與食材切配依據表需求自刀工切配作品中適量取用，加入之食材種類不得短少，否則依不符題意處理（即該道菜判定為 60 分以下），水花則依配色或烹調量需求，需有兩款但各款數量不一定要全加。

（1）燴三色肉片

烹調規定	1. 肉片需調味上漿、汆燙或過油皆可 2. 以蔥段、薑片爆香，加入桶筍、小黃瓜、水花及肉片燴煮成菜
烹調法	燴
調味規定	以鹽、酒、糖、味精、胡椒粉、香油、太白粉水等調味料自選合宜使用
備註	需有燴汁，規定材料不得短少

（2）五柳溜魚條

烹調規定	1. 魚條需調味上漿、沾乾粉炸酥 2. 蔥絲、薑絲爆香，以脆溜法完成 3. 頭尾炸酥，全魚排盤呈現
烹調法	脆溜
調味規定	以醬油、酒、鹽、烏醋、白醋、糖、味精、胡椒粉、香油、地瓜粉、太白粉等調味料自選合宜使用
備註	1. 規定材料不得短少 2. 斷裂的魚條不得超過 1/3 魚條總量 3. 可有醬汁，但需稍濃而少（是滑溜菜非燴菜）

（3）馬鈴薯炒雞絲

烹調規定	1. 雞絲需調味上漿、汆燙或過油皆可 2. 馬鈴薯可以汆燙或炒至熟脆 3. 以蒜末爆香，加入辣椒絲及材料完成菜餚
烹調法	炒、爆炒
調味規定	鹽、酒、白醋、糖、味精、胡椒粉、香油、太白粉水等調味料自選合宜使用
備註	馬鈴薯絲是熟脆而非鬆的口感，規定材料不得短少

第一階段：清洗、切配、工作區域清理

☑ **清潔**

瓷碗盤 → 配料碗盤盆 → 鍋具 → 烹調用具（菜鏟、炒杓、大漏杓、調味匙、筷子）→ 刀具（即菜刀，其他刀具使用前消毒即可）→ 砧板 → 抹布 → 洗畢歸位

☑ **消毒**

刀具、砧板、抹布（例如熱水沸煮、化學法，本題庫選用酒精消毒）

洗滌順序為：		切割順序為：（※ 參考指定水花、盤飾，優先將兩者切出）	
乾貨 → 素-加工食品類 → 葷-加工食品類 → 蔬果類 → 肉類（順序為：牛羊豬雞鴨）→ 蛋類 → 水產類		乾貨 → 素-加工食品類 → 葷-加工食品類 → 蔬果類 → 肉類（順序為：牛羊豬雞鴨）→ 蛋類 → 水產類	
乾貨	乾木耳泡開	乾貨	木耳切絲
加工食品（素）	洗淨桶筍瀝乾	加工食品（素）	桶筍切長方片、切絲
加工食品（葷）	無	加工食品（葷）	無
蔬果類	紅蘿蔔去皮；洗淨小黃瓜、大黃瓜；蔥去蒂頭尾葉；青椒去蒂洗淨；紅辣椒去頭尾；蒜頭去膜；薑去皮；馬鈴薯去皮	蔬果類	紅蘿蔔切水花片、切絲；小黃瓜切菱形片；蔥切蔥段、蔥絲，分出蔥白、蔥綠；青椒切絲；紅辣椒切絲；蒜頭切碎；薑切菱形片、切絲；馬鈴薯切絲
肉類	洗淨大里肌肉；洗淨雞胸肉去皮骨	肉類	大里肌肉去筋膜切長方片；雞胸肉切絲
蛋類	無	蛋類	無
水產類	鱸魚三去，去除魚鱗、內臟、魚腮洗淨	水產類	鱸魚去骨切條，剖開魚頭，與魚尾修飾備用

水花及盤飾參考 ▶ 依指定圖完成，可受公評並獲得普遍認同之美感。

受評刀工示範圖檔

指定水花（擇一）

指定盤飾（擇二）

小黃瓜 　　大黃瓜、小黃瓜、紅辣椒 　　大黃瓜、紅辣椒

| 盤飾 | ☑ 受評刀工 | 非受評刀工 |

❶ 燴三色肉片　燴

作法：

1. 大里肌肉片調味上漿；芡水備妥；準備一鍋滾水，汆燙桶筍，撈起瀝乾。
2. 準備一鍋滾水，汆燙紅蘿蔔水花片、小黃瓜，燙熟撈起瀝乾；準備一鍋滾水，關火放入大里肌肉片快速拌開，開火，燙熟後撈起瀝乾。(圖1)
3. 熱鍋加入1大匙沙拉油，爆香蔥白段、薑片，加入桶筍、紅蘿蔔水花片炒勻，加入調味料煮勻，加入大里肌肉片、小黃瓜煮勻，以適量太白粉水勾薄芡。(圖2～3)
4. 起鍋前加入蔥綠段、香油快速拌勻即可。(圖4)

材料：

桶筍3/4個（約150g）、紅蘿蔔2/3條、小黃瓜1條、蔥70g、薑60g、大里肌肉200g

調味料：

水200cc、鹽1小匙、糖1小匙、白胡椒粉1/4小匙、米酒1大匙、香油1小匙

▶ 上漿：鹽1/2小匙、米酒1大匙、白胡椒粉1/4小匙、太白粉1大匙

▶ 芡水：太白粉1大匙、水1大匙

圖1 　　圖2 　　圖3 　　圖4

第二階段 70分鐘

❷ 五柳溜魚條 脆溜

作法：

1. 魚條、魚頭、魚尾上漿，沾裹麵粉備用；芡水備妥。（圖1～2）
2. 起油鍋至油溫約180℃，將魚條及頭尾分別炸酥，撈起瀝乾。
3. 準備一鍋滾水，汆燙桶筍絲（去除酸味），撈起瀝乾。
4. 準備一鍋滾水，汆燙木耳絲、紅蘿蔔絲、青椒絲備用。
5. 熱鍋加入1大匙沙拉油，爆香蔥絲、薑絲，放入所有調味料煮勻，以適量太白粉水勾薄芡，放入紅辣椒、汆燙好的絲料、炸好的魚條拌勻，成品可有醬汁，但需稍濃而少，因是滑溜菜非燴菜。（圖3～4）
6. 將魚頭、魚尾全魚擺盤，倒入處理好的料理，以全魚擺盤呈現。

材料：

乾木耳2大片（約10g）、桶筍1/4個（約50g）、紅蘿蔔1/3條、薑20g、紅辣椒1條、青椒1/2個（約120g）、蔥10g、鱸魚1條（約600g以上）

調味料：

水150cc、糖1小匙、烏醋2小匙、香油1小匙、米酒1大匙、醬油2大匙

▸ 上漿：鹽1/2小匙、白胡椒粉1/4小匙、米酒1大匙
▸ 沾粉：麵粉4大匙
▸ 芡水：太白粉1大匙、水1大匙

圖1  　　圖2 　　圖3 　　圖4

❸ 馬鈴薯炒雞絲　炒、爆炒

作法：

1. 雞胸肉絲調味上漿備用。（圖1）
2. 準備一鍋滾水，汆燙馬鈴薯絲，撈起瀝乾。（圖2）
3. 準備一鍋滾水，汆燙雞胸肉絲，撈起瀝乾。
4. 熱鍋加入2大匙沙拉油，爆香蒜末，加入紅辣椒絲、馬鈴薯絲、雞胸肉絲炒勻，加入調味料拌炒均勻即可。（圖3～4）

材料：

馬鈴薯1個（約150g）、紅辣椒1條、蒜頭3瓣、雞胸肉1/2付

調味料：

鹽1小匙、糖1小匙、香油1/4小匙、水2大匙、米酒1小匙、水60cc

▶ 上漿：鹽1/2小匙、米酒1大匙、白胡椒粉1/4小匙、太白粉1小匙

圖1 　圖2 　圖3 　圖4

301 / 02

第二階段　70分鐘

301-03

❶ 蛋白雞茸羹　　❷ 菊花溜魚球　　❸ 竹筍炒肉絲

▶ 菜名與食材切配依據

菜餚名稱	主要刀工	烹調法	主材料類別	材料組合	水花款式	盤飾款式
蛋白雞茸羹	茸	羹	雞胸肉	雞胸肉、雞蛋	參考規格明細	參考規格明細
菊花溜魚球	剞刀厚片	脆溜	鱸魚	鳳梨、紅蘿蔔、青椒、紅辣椒、洋蔥、薑、鱸魚		
竹筍炒肉絲	絲	炒、爆炒	桶筍 大里肌肉	桶筍、蔥、薑、紅辣椒、大里肌肉		

▶ 材料清點卡 - 材料明細

材料	規格描述	重量（數量）	備註
鳳梨	罐頭整片，有效期限內	1 片	
桶筍	若為空心或軟爛不足需求量，應檢人可反應更換	1 支	去除筍尖的實心淨肉至少 200g，需縱切檢視才分發，烹調時需去酸味
紅蘿蔔	表面平整不皺縮不潰爛	1 條	300g 以上 / 條，若為空心須再補發
薑	長段無潰爛	100g	需可切絲、片
小黃瓜	不可大彎曲鮮度足	1 條	80g 以上 / 條
大黃瓜	表面平整不皺縮不潰爛	1 截	6 公分長 / 截
青椒	表面平整不皺縮不潰爛	1/2 個	120g 以上 / 個
紅辣椒	表面平整不皺縮不潰爛	2 條	10g 以上 / 條
洋蔥	飽滿無潰爛無黑心	1/4 個	250g 以上 / 個
蔥	新鮮飽滿	50g	
大里肌肉	完整塊狀鮮度足可供橫紋切長絲	200g	
雞胸肉	帶骨帶皮，鮮度足	1/2 付	360g 以上 / 付
雞蛋	外形完整鮮度足	2 個	
鱸魚	體形完整鮮度足未處理	1 隻	600g 以上 / 隻，非活魚

▶ 刀工作品規格卡 - 規格明細

第一階段繳交刀工作品規格（係取自菜名與食材切配依據表所示之成品，只需取出規格明細表所示之種類數量，每一種類的數量皆至少有 3/4 量符合其規定尺寸，其餘作品留待烹調時適量取用）。受評分刀工作品以配菜盤分類盛裝受評，另加兩種盤飾以 2 只瓷盤盛裝擺設。

材料	規格描述（長度單位：公分）	數量	備註
紅蘿蔔水花片兩款	自選 1 款及指定 1 款，指定款須參考下列指定圖 (形狀大小需可搭配菜餚) 厚薄度（0.3～0.4 公分）	各 6 片以上	
配合材料擺出兩種盤飾	下頁指定圖 3 選 2	各 1 盤	
筍絲	寬、高（厚）各為 0.2～0.4，長 4.0～6.0	120g 以上	
洋蔥片	長 3.0～5.0，寬 2.0～4.0，高（厚）依食材規格，可切菱形片	切完	
青椒片	長 3.0～5.0，寬 2.0～4.0，高（厚）依食材規格，可切菱形片	切完	
蔥絲	寬、高 (厚) 各為 0.3 以下，長 4.0～6.0	10g 以上	
薑絲	寬、高 (厚) 各為 0.3 以下，長 4.0～6.0	10g 以上	
紅辣椒絲	寬、高 (厚) 各為 0.3 以下，長 4.0～6.0	1 條切完	
里肌肉絲	寬、高 (厚) 各為 0.2～0.4，長 4.0～6.0	切完	去筋膜
雞茸	直徑 0.2 以下	剁完	
魚球	剞切菊花花刀間隔為 0.5～1.0	切完	頭尾勿丟棄，成品用

第二階段烹調說明：請依題意及菜名與食材切配依據表需求自刀工切配作品中適量取用，加入之食材種類不得短少，否則依不符題意處理（即該道菜判定為 60 分以下），水花則依配色或烹調量需求，需有兩款但各款數量不一定要全加。

烹調指引卡

（1）蛋白雞茸羹

烹調規定	雞茸需調味上漿，以羹方式呈現
烹調法	羹
調味規定	以鹽、酒、糖、味精、胡椒粉、香油、太白粉等調味料自選合宜使用
備註	1. 雞茸不可有顆粒狀 2. 成品蛋白液呈雪花片或細片狀，規定材料不得短少

（2）菊花溜魚球

烹調規定	1. 魚球需調味沾乾粉，炸酥且熟 2. 以薑片、洋蔥片炒香，與鳳梨、紅辣椒、青椒、水花、魚球製成脆溜菜 3. 頭尾炸酥，全魚排盤呈現
烹調法	脆溜
調味規定	以鹽、醬油、酒、番茄醬、白醋、糖、味精、胡椒粉、香油、太白粉等調味料自選合宜使用
備註	盤中不得積留太多油、醬汁，魚肉碎爛不得超過 1/4 量，規定材料不得短少

（3）竹筍炒肉絲

烹調規定	1. 肉絲需調味上漿、汆燙或過油皆可 2. 以蔥絲、薑絲爆香，與筍及配料炒勻
烹調法	炒、爆炒
調味規定	以鹽、醬油、酒、糖、味精、胡椒粉、香油等調味料自選合宜使用
備註	筍需去酸味，規定材料不得短少

301-03

第一階段：清洗、切配、工作區域清理

☑ **清潔**
瓷碗盤 → 配料碗盤盆 → 鍋具 → 烹調用具（菜鏟、炒杓、大漏杓、調味匙、筷子）→ 刀具（即菜刀，其他刀具使用前消毒即可）→ 砧板 → 抹布 → 洗畢歸位

☑ **消毒**
刀具、砧板、抹布（例如熱水沸煮、化學法，本題庫選用酒精消毒）

洗滌順序為：		切割順序為：（※ 參考指定水花、盤飾，優先將兩者切出）	
乾貨 → 素-加工食品類 → 葷-加工食品類 → 蔬果類 → 肉類（順序為：牛羊豬雞鴨）→ 蛋類 → 水產類		乾貨 → 素-加工食品類 → 葷-加工食品類 → 蔬果類 → 肉類（順序為：牛羊豬雞鴨）→ 蛋類 → 水產類	
乾貨	無	乾貨	無
加工食品（素）	洗淨鳳梨；洗淨桶筍瀝乾	加工食品（素）	鳳梨切1/8片；桶筍切絲
加工食品（葷）	無	加工食品（葷）	無
蔬果類	紅蘿蔔去皮；薑去皮；蔥去蒂頭尾葉；紅辣椒去頭尾；青椒去蒂洗淨；洋蔥去頭尾剝皮；洗淨小黃瓜、大黃瓜	蔬果類	紅蘿蔔切水花片；薑切絲、切菱形片；蔥切絲，分出蔥白、蔥綠；紅辣椒切絲、切菱形片；青椒切菱形片；洋蔥切菱形片
肉類	洗淨大里肌肉；洗淨雞胸肉去皮骨	肉類	大里肌肉去筋膜切絲；雞胸肉去筋膜切雞茸
蛋類	洗淨雞蛋	蛋類	雞蛋採三段式打蛋法備用
水產類	鱸魚三去，去除魚鱗、內臟、魚鰓洗淨	水產類	鱸魚去骨取兩大片魚肉，切菊花型交叉花刀，剖開魚頭，與魚尾修飾備用

水花及盤飾參考 ▶ 依指定圖完成，可受公評並獲得普遍認同之美感。

受評刀工示範圖檔 ▶

指定水花（擇一）

指定盤飾（擇一）
- 小黃瓜
- 大黃瓜、紅辣椒
- 大黃瓜、小黃瓜、紅辣椒

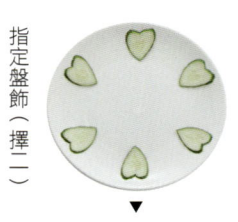

| 盤飾  | ☑ 受評刀工  | 非受評刀工  |

① 蛋白雞茸羹

作法：

1. 雞茸調味上漿，準備一鍋滾水，關火放入雞茸快速拌開，開火，快速燙過撈起瀝乾。（圖1～2）
2. 雞蛋採三段式打蛋法取出蛋液，另外取出蛋白打散。
3. 鍋子加入清水煮沸，加入鹽、糖、白胡椒粉調味；芡水備妥。
4. 將燙熟雞茸倒入湯鍋中，慢慢拌勻散開，以適量太白粉水勾成羹狀，勾至靜止時食材不沉的濃稠度。（圖3～4）
5. 關火淋上蛋白液，起鍋前淋上香油。

材料：

雞蛋2顆、雞胸肉1/2付、清水1500cc

調味料：

鹽1小匙、糖1小匙、白胡椒粉1/4小匙、香油1/4小匙

▶ 上漿：鹽1/2小匙、白胡椒粉1/4小匙、太白粉1小匙

▶ 芡水：太白粉5大匙、清水5大匙

301/03 第二階段 70分鐘

圖1　圖2　圖3　圖4

301

03

第二階段　70分鐘

❷ 菊花溜魚球　脆溜

作法：

1. 魚球調味醃料（此處可加入「蛋白雞茸羹」挑出的蛋黃），沾裹調和粉備用。（圖1～2）
2. 起油鍋至油溫約180°C，放入魚球，炸至皮翻表皮硬，內側金黃酥脆，撈起瀝乾，加入魚頭、魚尾，炸酥撈起瀝乾。（圖3）
3. 準備一鍋滾水，汆燙紅蘿蔔；芡水備妥。
4. 熱鍋加入1大匙沙拉油，爆香薑片、洋蔥片，加入鳳梨、紅辣椒、紅蘿蔔水花片拌勻，加入所有調味料拌勻。
5. 以適量太白粉水勾薄芡，放入魚球、青椒拌勻即可；將魚頭、魚尾全魚擺盤，倒入處理好的料理，以全魚擺盤呈現。（圖4）

材料：

罐頭鳳梨片1片、紅蘿蔔1條、青椒1/2個、紅辣椒1條、洋蔥1/4個（80g以上）、薑85g、鱸魚1條（600g以上）

調味料：

番茄醬4大匙、糖2大匙、醋2大匙、水150cc、香油1大匙、鹽1/2小匙、米酒1小匙

▸ 調味醃料：鹽1/2小匙、米酒1大匙、白胡椒粉1/4小匙
▸ 調和粉：麵粉2大匙
▸ 芡水：太白粉1大匙、水1大匙

| 圖1 |  圖2 |  圖3 |  圖4 |

❸ 竹筍炒肉絲　炒、爆炒

作法：

1. 大里肌肉調味上漿，備用。
2. 準備一鍋滾水，汆燙桶筍絲（去除酸味），撈起瀝乾。（圖1）
3. 準備一鍋滾水，關火放入大里肌肉絲快速拌開，開火，燙熟後撈起瀝乾。（圖2）
4. 熱鍋加入1大匙沙拉油，爆香蔥白絲、薑絲，加入桶筍絲、紅辣椒絲、大里肌肉絲拌炒，加入調味料（除了香油）炒勻，以適量太白粉水勾芡，起鍋前淋上蔥綠絲、香油即可。（圖3～4）

材料：

桶筍120～150g、蔥1支、薑15g、紅辣椒1條、大里肌肉200g

調味料：

鹽1/4小匙、糖1小匙、水60cc、香油1/4小匙、白胡椒粉1/4小匙、米酒1小匙

▶ 上漿：鹽1小匙、米酒1大匙、太白粉1/2小匙

▶ 芡水：太白粉1大匙、水1大匙

圖1　　圖2　　圖3　　圖4

301 / 03

第二階段　70分鐘

301/04

❶ 黑胡椒豬柳　　❷ 香酥花枝絲　　❸ 薑絲魚片湯

▶ 菜名與食材切配依據

菜餚名稱	主要刀工	烹調法	主材料類別	材料組合	水花款式	盤飾款式
黑胡椒豬柳	條	滑溜	大里肌肉	蒜頭、洋蔥、紅蘿蔔、西芹、大里肌肉		參考規格明細
香酥花枝絲	絲	炸、拌炒	花枝(清肉)	蔥、蒜頭、紅辣椒、花枝(清肉)		
薑絲魚片湯	片	煮(湯)	鱸魚	薑、鱸魚、紅蘿蔔	參考規格明細	

▶ 材料清點卡 - 材料明細

材料	規格描述	重量(數量)	備註
洋蔥	飽滿無潰爛無黑心	1/4 個	250g 以上 / 個
紅蘿蔔	表面平整不皺縮不潰爛	1 條	300g 以上 / 條，若為空心須再補發
西芹	整把分單支發放	1 單支	80g 以上 / 支
蔥	新鮮飽滿	50g	
薑	長段無潰爛	60g	需可切絲
蒜頭	飽滿無發芽無潰爛	20g	
紅辣椒	表面平整不皺縮不潰爛	2 條	10g 以上 / 條
小黃瓜	不可大彎曲鮮度足	1 條	80g 以上 / 條
大黃瓜	表面平整不皺縮不潰爛	1 截	6 公分長 / 截
大里肌肉	完整塊狀鮮度足可橫紋切條	200g	
花枝	僅供應清肉鮮度足(不可帶頭部)	1 隻	約 150g
鱸魚	體形完整鮮度足未處理	1 隻	600g 以上 / 隻，非活魚

▶ 刀工作品規格卡 - 規格明細

第一階段繳交刀工作品規格（係取自菜名與食材切配依據表所示之成品，只需取出規格明細表所示之種類數量，每一種類的數量皆至少有 3/4 量符合其規定尺寸，其餘作品留待烹調時適量取用）。受評分刀工作品以配菜盤分類盛裝受評，另加兩種盤飾以 2 只瓷盤盛裝擺設。

材料	規格描述（長度單位：公分）	數量	備註
紅蘿蔔水花片兩款	自選 1 款及指定 1 款，指定款須參考下列指定圖（形狀大小需可搭配菜餚）厚薄度（0.3～0.4 公分）	各 6 片以上	
配合材料擺出兩種盤飾	下頁指定圖 3 選 2	各 1 盤	
洋蔥條	寬為 0.5～1.0，長 4.0～6.0，高（厚）依食材規格	切完	
西芹條	寬 0.5～1.0，長 4.0～6.0，高（厚）依食材規格	整支切完	
紅蘿蔔條	寬、高（厚）各為 0.5～1.0，長 4.0～6.0	10 條以上	
蔥花	長、寬、高（厚）各為 0.2～0.4	10g 以上	
紅辣椒末	直徑 0.3 以下碎末	切完	
薑絲	寬、高（厚）各為 0.3 以下，長 4.0～6.0	25g 以上	魚湯用
豬柳	寬、高（厚）各為 1.2～1.8，長 5.0～7.0	140g 以上	去筋膜
花枝絲	寬、高（厚）各為 0.2～0.4，長 4.0～6.0	切完	
魚片	長 4.0～6.0、寬 2.0～4.0，高（厚）0.8～1.5	切完	頭尾勿丟棄，成品用

烹調指引卡

第二階段烹調說明：請依題意及菜名與食材切配依據表需求自刀工切配作品中適量取用，加入之食材種類不得短少，否則依不符題意處理（即該道菜判定為 60 分以下），水花則依配色或烹調量需求，需有兩款但各款數量不一定要全加。

（1）黑胡椒豬柳

烹調規定	1. 豬柳需調味上漿、汆燙或過油皆可 2. 以蒜末、洋蔥條炒香
烹調法	滑溜
調味規定	以醬油、酒、鹽、糖、味精、粗粒黑胡椒粉、香油、太白粉水等調味料自選合宜使用
備註	可有醬汁，但需稍濃而少（非燴菜），規定材料不得短少

（2）香酥花枝絲

烹調規定	1. 花枝沾乾粉，炸至表面酥香 2. 爆香蒜末、蔥花、紅辣椒末，再與椒鹽拌合
烹調法	炸、拌炒
調味規定	鹽、味精、白胡椒粉等調味料自選合宜使用
備註	規定材料不得短少

（3）薑絲魚片湯

烹調規定	魚頭、魚肉、魚尾並加入水花，以湯的方式供應
烹調法	煮（湯）
調味規定	以鹽、酒、味精、胡椒粉、香油等調味料自選合宜使用
備註	魚肉完整，破碎少於 1/3，湯汁清澈，規定材料不得短少

第一階段：清洗、切配、工作區域清理

☑ **清潔**

瓷碗盤 → 配料碗盤盆 → 鍋具 → 烹調用具（菜鏟、炒杓、大漏杓、調味匙、筷子）→ 刀具（即菜刀，其他刀具使用前消毒即可）→ 砧板 → 抹布 → 洗畢歸位

☑ **消毒**

刀具、砧板、抹布（例如熱水沸煮、化學法，本題庫選用酒精消毒）

洗滌順序為：		切割順序為：（※ 參考指定水花、盤飾，優先將兩者切出）	
乾貨 → 素-加工食品類 → 葷-加工食品類 → 蔬果類 → 肉類（順序為：牛羊豬雞鴨）→ 蛋類 → 水產類		乾貨 → 素-加工食品類 → 葷-加工食品類 → 蔬果類 → 肉類（順序為：牛羊豬雞鴨）→ 蛋類 → 水產類	
乾貨	無	乾貨	無
加工食品（素）	無	加工食品（素）	無
加工食品（葷）	無	加工食品（葷）	無
蔬果類	紅蘿蔔去皮；蒜頭去膜；洋蔥去頭尾剝皮；西芹削皮；蔥去蒂頭尾葉；紅辣椒去頭尾；薑去皮；洗淨小黃瓜、大黃瓜	蔬果類	紅蘿蔔切水花片、切條；蒜頭切末；洋蔥切條；西芹切條；蔥切蔥花，分出蔥白、蔥綠；紅辣椒切末；薑切絲
肉類	洗淨大里肌肉	肉類	大里肌肉去筋膜切條
蛋類	無	蛋類	無
水產類	鱸魚三去，去除魚鱗、內臟、魚鰓洗淨；花枝剝除外膜洗淨內臟	水產類	花枝洗淨切長絲狀；鱸魚去骨切厚片，剖開魚頭，與魚尾修飾備用。

水花及盤飾參考 ▶ 依指定圖完成，可受公評並獲得普遍認同之美感。

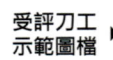

指定水花（擇一）

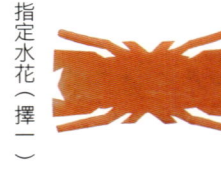

指定盤飾（擇二）

大黃瓜、紅蘿蔔　　小黃瓜　　大黃瓜、小黃瓜、紅辣椒

盤飾 	☑ 受評刀工 	非受評刀工 

❶ 黑胡椒豬柳　滑溜

作法：

1. 大里肌肉調味上漿，備用；芡水備妥。
2. 準備一鍋滾水，分別汆燙紅蘿蔔條、西芹條，撈起瀝乾；準備一鍋滾水，關火放入大里肌肉快速拌開，開火，燙熟後撈起瀝乾。（圖 1 ~ 2）
3. 熱鍋加入 2 大匙沙拉油，將蒜末、洋蔥條炒香，加入調味料 (除了香油) 拌炒，放入紅蘿蔔條、西芹條、大里肌肉炒勻。（圖 3 ~ 4）
4. 以適量太白粉水勾薄芡，起鍋前加入香油。

材料：

蒜頭 3 瓣、洋蔥 1/4 個、紅蘿蔔 1/3 條、西芹 1 支、大里肌肉 200g

調味料：

水 60cc、醬油 1 小匙、粗粒黑胡椒粉 1 大匙、香油 1 大匙、糖 1 小匙、米酒 1 小匙

▶ 上漿：鹽 1/2 小匙、米酒 1 大匙、太白粉 1 大匙

▶ 芡水：太白粉 1 大匙、水 1 大匙

| 圖 1 | 圖 2 | 圖 3 | 圖 4 |

❷ 香酥花枝絲　炸、拌炒

作法：

1. 花枝先與鹽、米酒、白胡椒粉一同抓勻，再與太白粉抓勻上漿，均勻裹滿地瓜粉，備用。（圖1）
2. 起油鍋至油溫約180℃，放入花枝絲炸至金黃酥脆，撈起瀝乾。（圖2）
3. 起鍋加入1大匙沙拉油，爆香蒜末、蔥白花、紅辣椒末，炒乾後加入花枝絲及調味料，起鍋前加入蔥綠花拌炒均勻即可。（圖3～4）

材料：

蔥1支、蒜頭5瓣、紅辣椒2條、花枝1支（約150g）

調味料：

鹽1/2小匙、白胡椒粉1/2小匙、糖1小匙
▶ 上漿：鹽1/4小匙、米酒1大匙、白胡椒粉1/4小匙、太白粉1大匙
▶ 沾粉：地瓜粉

圖1　　圖2　　圖3　　圖4

301
04

第一階段 70分鐘

③ 薑絲魚片湯　煮（湯）

作法：

1. 準備一鍋滾水，略汆燙魚片，撈起瀝乾。
2. 鍋子加入清水、薑絲煮滾，加入魚頭再次煮滾，轉中火煮 3 分鐘。（圖1）
3. 加入魚尾煮 2 分鐘，煮的期間需不時撈出雜質。（圖2）
4. 加入調味料（除了香油）、紅蘿蔔水花片、魚片，以中小火煮熟即可，煮的期間需不時撈出雜質，起鍋前淋上香油。（圖3～4）

材料：

薑 60g、紅蘿蔔 2/3 條、鱸魚 1 隻（約 600g）、清水 1500cc

調味料：

鹽 1 小匙、米酒 1 小匙、香油 1/4 小匙

Point：如果這個題組的蔥有剩餘，可切適量蔥綠段，起鍋前加入配色。

圖1 　　圖2 　　圖3 　　圖4

301-05

❶ 香菇肉絲油飯　　❷ 炸鮮魚條　　❸ 燴三鮮

▶ 菜名與食材切配依據

菜餚名稱	主要刀工	烹調法	主材料類別	材料組合	水花款式	盤飾款式
香菇肉絲油飯	絲	蒸熟拌	大里肌肉	長糯米、乾香菇、蝦米、乾魷魚、紅蔥頭、老薑、大里肌肉		參考規格明細
炸鮮魚條	條	軟炸	鱸魚	麵粉、太白粉、鱸魚		
燴三鮮	片	燴	大里肌肉 鮮蝦 花枝	乾香菇、紅蘿蔔、小黃瓜、薑、蔥、大里肌肉、鮮蝦、花枝	參考規格明細	

▶ 材料清點卡 - 材料明細

材料	規格描述	重量（數量）	備註
長糯米	米粒完整無霉味	220g	236ml 量杯 1 杯
乾香菇	直徑 4 公分以上	6 朵	可於洗鍋具時優先煮水浸泡於乾貨類切割
蝦米	紮實無異味	15g	前一日需泡冷水，若無，監評請督導補救
乾魷魚身	紮實無黴無腐鹹味，直向分切，需供應泡軟者	1/3 隻	
紅蔥頭	紮實無空洞無黴臭	3 粒	
老薑	無潰爛無長芽	50g	做油飯可不去皮
紅蘿蔔	表面平整不皺縮不潰爛	1 條	300g 以上 / 條，若為空心須再補發
紅辣椒	表面平整不皺縮不潰爛	1 條	10g 以上 / 條
小黃瓜	不可大彎曲鮮度足	2 條	80g 以上 / 條
大黃瓜	表面平整不皺縮不潰爛	1 截	6 公分長 / 截
薑	長段無潰爛	40g	不宜細條，需可供切水花片
蔥	新鮮飽滿	50g	2 枝
大里肌肉	完整塊狀鮮度足可橫紋切絲、片	200g	
鱸魚	體形完整鮮度足未處理	1 隻	600g 以上 / 隻，非活魚
花枝	僅供應清肉鮮度足（不可帶頭部）	100g 以上	
白蝦或草蝦	中小型冷凍全蝦，每斤 20 隻裝	6 隻	洗滌時取蝦仁

▶ 刀工作品規格卡 - 規格明細

刀工　第一階段繳交刀工作品規格（係取自菜名與食材切配依據表所示之成品，只需取出規格明細表所示之種類數量，每一種類的數量皆至少有 3/4 量符合其規定尺寸，其餘作品留待烹調時適量取用）。受評分刀工作品以配菜盤分類盛裝受評，另加兩種盤飾以 2 只瓷盤盛裝擺設。

材料	規格描述（長度單位：公分）	數量	備註
紅蘿蔔水花片	指定 1 款，指定款須參考下列指定圖（形狀大小需可搭配菜餚）厚薄度（0.3～0.4公分）	6 片以上	
薑水花片	自選 1 款厚薄度（0.3～0.4 公分）	6 片以上	
配合材料擺出兩種盤飾	下頁指定圖 3 選 2	各 1 盤	
乾香菇絲	寬、高（厚）各為 0.2～0.4，長依食材規格	3 朵	
乾香菇片	復水去蒂，斜切，寬 2.0～4.0、長度及高（厚）依食材規格	3 朵	
乾魷魚絲	寬、高（厚）各為 0.2～0.4，長 4.0～6.0	切完	
小黃瓜片	長 4.0～6.0，寬 2.0～4.0，高（厚）0.2～0.4，可切菱形片	10 片以上	略小於肉片
里肌肉絲	寬、高（厚）各為 0.2～0.4，長 4.0～6.0	切完	去筋膜
里肌肉片	長 4.0～6.0，寬 2.0～4.0，高（厚）0.4～0.6	切完	去筋膜
花枝片	長 4.0～6.0，寬 2.0～4.0，高（厚）0.2～0.4 的梳子花刀片（花刀間隔為 0.5 以下）	切完	
魚條	寬、高（厚）各為 0.8～1.2，長 4.0～6.0	切完	頭尾勿丟棄，成品用
鮮蝦	洗滌時去腸泥取蝦仁，橫批為二片	切完	

第二階段烹調說明：請依題意及菜名與食材切配依據表需求自刀工切配作品中適量取用，加入之食材種類不得短少，否則依不符題意處理（即該道菜判定為 60 分以下），水花則依配色或烹調量需求，需有兩款但各款數量不一定要全加。

（1）香菇肉絲油飯

烹調規定	需有爆香老薑絲及紅蔥頭片的香味，以蒸拌法烹調
烹調法	蒸、熟拌
調味規定	以麻油、醬油、酒、糖、味精、胡椒粉、五香粉等調味料自選合宜使用
備註	米粒不得軟爛，規定材料不得短少

（2）炸鮮魚條

烹調規定	1. 魚條需調味，沾麵糊炸酥脆且上色 2. 頭尾炸酥，全魚排盤呈現
烹調法	軟炸
調味規定	麵粉、太白粉、鹽、泡打粉、胡椒粉、沙拉油、水等自選合宜使用
備註	需有體積膨脹的外觀，規定材料不得短少

（3）燴三鮮

烹調規定	以蔥白段爆香，包含紅蘿蔔片、蔥段、水花燴煮成菜
烹調法	燴
調味規定	以鹽、醬油、白醋、烏醋、酒、糖、味精、胡椒粉、香油、太白粉水等調味料自選合宜使用
備註	需有燴汁，規定材料不得短少

第一階段：清洗、切配、工作區域清理

☑ **清潔**

瓷碗盤 → 配料碗盤盆 → 鍋具 → 烹調用具（菜鏟、炒杓、大漏杓、調味匙、筷子）→ 刀具（即菜刀，其他刀具使用前消毒即可）→ 砧板 → 抹布 → 洗畢歸位

☑ **消毒**

刀具、砧板、抹布（例如熱水沸煮、化學法，本題庫選用酒精消毒）

洗滌順序為：		切割順序為：（※ 參考指定水花、盤飾，優先將兩者切出）	
乾貨 → 素-加工食品類 → 葷-加工食品類 → 蔬果類 → 肉類（順序為：牛羊豬雞鴨）→ 蛋類 → 水產類		乾貨 → 素-加工食品類 → 葷-加工食品類 → 蔬果類 → 肉類（順序為：牛羊豬雞鴨）→ 蛋類 → 水產類	
乾貨	長糯米泡水；洗淨蝦米；乾香菇泡開去蒂；乾魷魚泡發	乾貨	香菇切絲、切斜片；魷魚切絲
加工食品（素）	無	加工食品（素）	無
加工食品（葷）	無	加工食品（葷）	無
蔬果類	紅蘿蔔去皮；洗淨小黃瓜、大黃瓜；蔥去蒂頭尾葉；紅辣椒洗淨；紅蔥頭去膜；老薑洗淨不須去皮；薑去皮	蔬果類	紅蘿蔔切水花片；小黃瓜切菱形片；蔥切斜長段，分出蔥白、蔥綠；紅蔥頭切碎；老薑（不須去皮）切絲；薑切水花片
肉類	洗淨大里肌肉	肉類	大里肌肉去筋膜切絲、切長片
蛋類	無	蛋類	無
水產類	鱸魚三去，去除魚鱗、內臟、魚鰓洗淨；鮮蝦剝殼，去腸泥洗淨；花枝洗淨	水產類	鱸魚去骨切長條，剖開魚頭，與魚尾修飾備用；鮮蝦橫批為二片；花枝切梳子片

水花及盤飾參考 ▶ 依指定圖完成，可受公評並獲得普遍認同之美感。

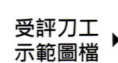

指定水花（擇一）

指定盤飾（擇一）
- 小黃瓜 
- 大黃瓜、紅辣椒 
- 大黃瓜、小黃瓜、紅辣椒 

盤飾 	☑ 受評刀工 	非受評刀工 

❶ 香菇肉絲油飯　蒸、熟拌

作法：

1. 長糯米泡水 30 分鐘；蒸鍋起滾水；將糯米瀝乾水份，入蒸籠以中火蒸約 30 分鐘。
2. 熱鍋加入 1 大匙麻油，爆香老薑絲、紅蔥頭碎。（圖 1）
3. 加入香菇、蝦米、魷魚絲再次爆香，加入大里肌肉絲炒勻，放入調味料拌炒均勻，熄火，拌入蒸熟的長糯米飯，拌勻盛盤即可。（圖 2～4）

材料：

長糯米 220g、乾香菇 3 朵、蝦米 15g、乾魷魚身 1/3 隻、紅蔥頭 2 粒、老薑 50g、大里肌肉 100g

調味料：

醬油 2 大匙、鹽 1/4 小匙、白胡椒粉 1 小匙、香油 1 大匙、水 80cc、糖 1 小匙

圖 1 　　圖 2 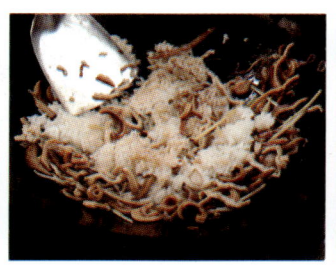　　圖 3 　　圖 4

❷ 炸鮮魚條　　軟炸

作法：

1. 調勻麵糊，醒麵 15 分鐘備用。（圖 1）
2. 魚條與醃料醃至入味，約 5 分鐘。（圖 2）
3. 起油鍋至油溫約 180℃，魚條裹上麵糊炸至定型，撈起瀝乾。
4. 油溫加熱至 220℃，再將魚條炸至金黃色，撈起排盤。（圖 3）
5. 魚頭、魚尾拍上少許太白粉，炸熟炸酥；將魚頭、魚尾全魚擺盤，倒入處理好的料理，以全魚擺盤呈現。（圖 4）

材料：

鱸魚 1 條（約 600g 以上）

調味料：

- 醃料：鹽 1/4 小匙、米酒 1 大匙、白胡椒粉 1/4 小匙、太白粉 1 大匙
- 麵糊：麵粉 5 大匙、太白粉 5 大匙、水 9 大匙、沙拉油 3 大匙、泡打粉 1 小匙

圖 1　　圖 2　　圖 3　　圖 4

301
05

第二階段 70分鐘

❸ 燴三鮮　　燴

作法：

1. 大里肌肉片調味上漿，備用；蝦仁抓上醃料；芡水備妥。
2. 準備一鍋滾水，汆燙香菇；汆燙紅蘿蔔水花片、小黃瓜，撈起瀝乾；準備一鍋滾水，關火放入大里肌肉片快速拌開，開火，燙熟後撈起瀝乾。（圖1）
3. 準備一鍋滾水，分別汆燙鮮蝦片、花枝，撈起瀝乾。（圖2）
4. 熱鍋加入1大匙沙拉油，爆香蔥白段、薑水花片，加入香菇、紅蘿蔔水花片、調味料煮勻。
5. 加入大里肌肉片、鮮蝦片、花枝、小黃瓜煮勻，以適量太白粉水勾芡，起鍋前加入蔥綠段、香油翻炒。（圖3～4）

材料：

乾香菇3朵、紅蘿蔔2/3條、小黃瓜1條（約80g）、薑40g、蔥50g、大里肌肉100g、鮮蝦6隻、花枝100g

調味料：

水150cc、鹽1/2小匙、白胡椒粉1/4小匙、米酒1小匙、糖1/2小匙、香油1小匙

▶ 上漿：鹽1/4小匙、太白粉1/4小匙
▶ 醃料：鹽1/4小匙、白胡椒粉1/4小匙、米酒1小匙
▶ 芡水：太白粉1大匙、水1大匙

圖1 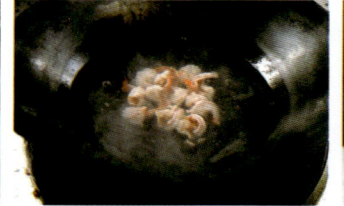　　圖2  　　圖3 　　圖4

301-06

❶ 糖醋瓦片魚　❷ 燜燒辣味茄條　❸ 炒三色肉丁

▶ 菜名與食材切配依據

菜餚名稱	主要刀工	烹調法	主材料類別	材料組合	水花款式	盤飾款式
糖醋瓦片魚	片	脆溜	鱸魚	紅蘿蔔、青椒、洋蔥、薑、鱸魚	參考規格明細	參考規格明細
燜燒辣味茄條	條、末	燒	茄子	茄子、蔥、薑、紅辣椒、蒜頭、絞肉		
炒三色肉丁	丁	炒、爆炒	大里肌肉	五香大豆干、青椒、蒜頭、紅蘿蔔、紅辣椒、大里肌肉		

▶ 材料清點卡 - 材料明細

材料	規格描述	重量（數量）	備註
五香大豆干	完整塊狀鮮度足無酸味	1/2 塊	厚度 2.0 公分以上
紅蘿蔔	表面平整不皺縮不潰爛	1 條	300g 以上 / 條，若為空心須再補發
青椒	表面平整不皺縮不潰爛	1 個	120g 以上 / 個
洋蔥	飽滿無潰爛無黑心	1/4 個	250g 以上 / 個
茄子	飽滿無潰爛鮮度足	2 條	180g 以上 / 每條
蔥	新鮮飽滿	50g	
薑	長段無潰爛	60g	需可切片、末
蒜頭	飽滿無發芽無潰爛	20g	
紅辣椒	表面平整不皺縮不潰爛	2 條	10g 以上 / 條
小黃瓜	不可大彎曲鮮度足	1 條	80g 以上 / 條
大黃瓜	表面平整不皺縮不潰爛	1 截	6 公分長 / 截
豬絞肉	鮮度足無異味	50g	
大里肌肉	完整塊狀鮮度足	200g	
鱸魚	體形完整鮮度足未處理	1 隻	600g 以上 / 隻，非活魚

▶ 刀工作品規格卡 - 規格明細

第一階段繳交刀工作品規格（係取自菜名與食材切配依據表所示之成品，只需取出規格明細表所示之種類數量，每一種類的數量皆至少有 3/4 量符合其規定尺寸，其餘作品留待烹調時適量取用）。受評分刀工作品以配菜盤分類盛裝受評，另加兩種盤飾以 2 只瓷盤盛裝擺設。

材料	規格描述（長度單位：公分）	數量	備註
紅蘿蔔水花片兩款	自選1款及指定1款，指定款須參考下列指定圖(形狀大小需可搭配菜餚)厚薄度（0.3～0.4公分）	各6片以上	
配合材料擺出兩種盤飾	下頁指定圖3選2	各1盤	
五香大豆干丁	長、寬、高（厚）各0.8～1.2	1/2 塊切完	
青椒片	長3.0～5.0，寬2.0～4.0，高（厚）依食材規格，可切菱形片	半個切完	
青椒丁	長、寬各0.8～1.2，高（厚）依食材規格	半個切完	
薑末	直徑0.3以下碎末	10g	
蒜末	直徑0.3以下碎末	10g	兩道菜用
紅蘿蔔丁	長、寬、高（厚）各0.8～1.2	40g以上	
紅辣椒丁	長、寬各0.8～1.2，高（厚）依食材規格	1條切完	
里肌肉丁	長、寬、高（厚）各0.8～1.2	140g以上	去筋膜
鱸魚斜瓦片	長4.0～6.0，寬2.0～4.0，高（厚）0.8～1.5	切完	頭尾勿丟棄，成品用

第二階段烹調說明：請依題意及菜名與食材切配依據表需求自刀工切配作品中適量取用，加入之食材種類不得短少，否則依不符題意處理（即該道菜判定為60分以下），水花則依配色或烹調量需求，需有兩款但各款數量不一定要全加。

烹調指引卡

（1）糖醋瓦片魚

烹調規定	1. 魚片須調味上漿，沾乾粉炸酥且熟 2. 以薑片爆香，與水花、洋蔥、青椒以脆溜烹調法完成 3. 頭尾炸酥，全魚排盤呈現
烹調法	脆溜
調味規定	以鹽、醬油、酒、番茄醬、白醋、糖、味精、胡椒粉、香油、太白粉水等調味料自選合宜使用
備註	盤中無醬汁或不得有太多醬汁，魚肉碎爛不得超過1/3量，規定材料不得短少

（2）燜燒辣味茄條

烹調規定	1. 茄條炸過以保紫色而透 2. 以蔥末、薑末、蒜末為爆香料與醬料、絞肉、茄條燒煮，淡芡成菜，拌合蔥花而起
烹調法	燒
調味規定	以辣豆瓣醬、醬油、酒、白醋、糖、味精、香油、胡椒粉、太白粉水等調味料自選合宜使用
備註	茄條需軟化而呈（淡）紫色，不得全呈褐色，不得嚴重濃縮出油，規定材料不得短少

（3）炒三色肉丁

烹調規定	1. 肉丁需調味上漿，與豆干汆燙或過油皆可 2. 以蒜末爆香，以炒或爆炒烹調法完成
烹調法	炒、爆炒
調味規定	以鹽、酒、糖、味精、胡椒粉、香油、太白粉水等調味料自選合宜使用
備註	規定材料不得短少

301-06

第一階段：清洗、切配、工作區域清理

☑ 清潔
瓷碗盤 → 配料碗盤盆 → 鍋具 → 烹調用具（菜鏟、炒杓、大漏杓、調味匙、筷子）→ 刀具（即菜刀，其他刀具使用前消毒即可）→ 砧板 → 抹布 → 洗畢歸位

☑ 消毒
刀具、砧板、抹布（例如熱水沸煮、化學法，本題庫選用酒精消毒）

洗滌順序為： 乾貨 → 素-加工食品類 → 葷-加工食品類 → 蔬果類 → 肉類（順序為：牛羊豬雞鴨）→ 蛋類 → 水產類		切割順序為：（※ 參考指定水花、盤飾，優先將兩者切出） 乾貨 → 素-加工食品類 → 葷-加工食品類 → 蔬果類 → 肉類（順序為：牛羊豬雞鴨）→ 蛋類 → 水產類	
乾貨	無	乾貨	無
加工食品（素）	洗淨五香大豆干	加工食品（素）	五香大豆干切丁
加工食品（葷）	無	加工食品（葷）	無
蔬果類	紅蘿蔔去皮；青椒去蒂洗淨；茄子去蒂頭；蔥去蒂頭尾葉；紅辣椒去頭尾；薑去皮；蒜頭去膜；洋蔥去頭尾剝皮；洗淨小黃瓜、大黃瓜	蔬果類	紅蘿蔔切水花片、切丁；青椒切菱形片、切丁；茄子切條；蔥切末；紅辣椒切末、切丁；薑切菱形片、切末；蒜頭切末；洋蔥切菱形片
肉類	洗淨豬絞肉、大里肌肉	肉類	大里肌肉去筋膜切丁
蛋類	無	蛋類	無
水產類	鱸魚三去，去除魚鱗、內臟、魚鰓洗淨	水產類	鱸魚去骨切斜瓦片，剖開魚頭，與魚尾修飾備用

水花及盤飾參考 ▶ 依指定圖完成，可受公評並獲得普遍認同之美感。

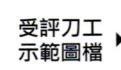

指定水花（擇一）

指定盤飾（擇一）
▼ 大黃瓜、小黃瓜、紅辣椒
▼ 大黃瓜
▼ 小黃瓜

盤飾	☑ 受評刀工	非受評刀工

301-06

第二階段　70分鐘

❶ 糖醋瓦片魚　脆溜

作法：

1. 魚片、魚頭、魚尾上漿調味，均勻沾裹麵粉備用；芡水備妥。
2. 起油鍋至油溫約 180°C，先將魚片炸至金黃定型，再加入魚頭、魚尾，炸至酥脆備用。（圖1）
3. 準備一鍋滾水，汆燙紅蘿蔔水花片，撈起瀝乾。
4. 熱鍋加入 1 大匙沙拉油，爆香薑片，加入洋蔥炒勻，加入調味料煮勻，加入紅蘿蔔水花片拌勻，加入青椒拌勻。（圖2）
5. 以適量太白粉水勾薄芡，煮至濃稠，加入魚片拌炒均勻；將魚頭、魚尾全魚擺盤，倒入處理好的材料，盤中無醬汁或不得有太多醬汁，以全魚擺盤呈現。（圖3～4）

材料：

紅蘿蔔 2/3 條、青椒 60g、洋蔥 1/4 個（約 60g）、薑 50g、鱸魚 1 條（約 600g）

調味料：

水 100cc、番茄醬 4 大匙、糖 2 大匙、醋 2 大匙、鹽 1/2 小匙

▶ 上漿：鹽 1/4 小匙、米酒 1 大匙
▶ 沾粉：麵粉 4 大匙
▶ 芡水：太白粉 2 大匙、水 2 大匙

圖1　圖2　圖3　圖4

301

06

第二階段 70分鐘

❷ 燜燒辣味茄條　燒

作法：

1. 起油鍋至油溫約 180℃，放入茄子，將茄子炸至茄肉微黃，撈起瀝乾；芡水備妥。
2. 熱鍋加入 1 小匙沙拉油，爆香蔥白末、薑末、蒜末，加入豬絞肉炒熟，加入辣豆瓣醬炒出香氣。
3. 放入紅辣椒炒勻，加入剩餘的調味料煮勻，加入茄子燒煮入味，以適量太白粉水勾芡，起鍋前加入蔥綠拌勻。(圖1～4)

材料：

茄子 2 條（共約 360g）、蔥 1 支、薑 10g、紅辣椒 1 條、蒜頭 10g、豬絞肉 50g

調味料：

辣豆瓣醬 2 大匙、糖 1 小匙、醬油 1 大匙、水 100cc、米酒 1 小匙、白醋 1 大匙

▶ 芡水：太白粉 1 大匙、水 1 大匙

圖1　　　圖2　　　圖3　　　圖4

③ 炒三色肉丁　炒、爆炒

作法：

1. 大里肌肉丁調味上漿，備用；芡水備妥。
2. 起油鍋至油溫約 180℃，將五香大豆干丁，炸至熟透。
3. 準備一鍋滾水，汆燙紅蘿蔔丁，撈起瀝乾；汆燙大里肌肉丁，撈起瀝乾。（圖 1）
4. 熱鍋加入 2 大匙沙拉油，爆香蒜末，放入紅辣椒略炒，加入紅蘿蔔、豆干炒勻，加入調味料（除了香油）炒勻。（圖 2）
5. 加入大里肌肉丁、青椒炒勻，以適量太白粉水勾芡，起鍋前淋上香油即可。（圖 3～4）

材料：

五香大豆干 1/2 塊、青椒 60g、紅蘿蔔 1/3 條、蒜頭 10g、紅辣椒 1 條、大里肌肉 200g

調味料：

鹽 1/2 小匙、白胡椒粉 1/4 小匙、水 60cc、糖 1 小匙、米酒 1 小匙、香油 1/2 小匙

▸ 上漿：鹽 1/4 小匙、太白粉 1 小匙
▸ 芡水：太白粉 1 大匙、水 1 大匙

圖 1　　圖 2　　圖 3　　圖 4

301-07

❶ 榨菜炒肉片　❷ 香酥杏鮑菇　❸ 三色豆腐羹

▶ 菜名與食材切配依據

菜餚名稱	主要刀工	烹調法	主材料類別	材料組合	水花款式	盤飾款式
榨菜炒肉片	片	炒、爆炒	大里肌肉	榨菜、紅辣椒、蔥、薑、蒜頭、紅蘿蔔、大里肌肉	參考規格明細	參考規格明細
香酥杏鮑菇	片	炸、拌炒	杏鮑菇	杏鮑菇、蔥、蒜頭、紅辣椒		
三色豆腐羹	指甲片	羹	盒豆腐	乾香菇、盒豆腐、桶筍、紅蘿蔔、蔥、雞蛋		

▶ 材料清點卡 - 材料明細

材料	規格描述	重量(數量)	備註
乾香菇	直徑 4 公分以上	1 朵	可於洗鍋具時優先煮水浸泡於乾貨類切割
榨菜	體形完整無異味	1 個	200g 以上 / 個
桶筍	若為空心或軟爛不足需求量，應檢人可反應更換	1/2 支	去除筍尖的實心淨肉至少 100g，需縱切檢視才分發，烹調時需去酸味
盒豆腐	白色，盒形完整效期內	半盒	
紅辣椒	表面平整不皺縮不潰爛	2 條	10g 以上 / 條
蔥	新鮮飽滿	150g	
薑	長段無潰爛	40g	需可切片
杏鮑菇	形大結實飽滿	3 支	100g 以上 / 支
蒜頭	飽滿無發芽無潰爛	20g	
紅蘿蔔	表面平整不皺縮不潰爛	1 條	300g 以上 / 條，若為空心須再補發
小黃瓜	不可大彎曲鮮度足	1 條	80g 以上 / 條
大黃瓜	表面平整不皺縮不潰爛	1 截	6 公分長 / 截
大里肌肉	完整塊狀鮮度足可供橫紋切長絲	200g	
雞蛋	外形完整鮮度足	2 個	

▶ 刀工作品規格卡 - 規格明細

第一階段繳交刀工作品規格（係取自菜名與食材切配依據表所示之成品，只需取出規格明細表所示之種類數量，每一種類的數量皆至少有 3/4 量符合其規定尺寸，其餘作品留待烹調時適量取用）。受評分刀工作品以配菜盤分類盛裝受評，另加兩種盤飾以 2 只瓷盤盛裝擺設。

材料	規格描述（長度單位：公分）	數量	備註
紅蘿蔔水花片兩款	自選 1 款及指定 1 款，指定款須參考下列指定圖 (形狀大小需可搭配菜餚) 厚薄度 (0.3 ～ 0.4 公分)	各 6 片以上	
配合材料擺出兩種盤飾	下頁指定圖 3 選 2	各 1 盤	
榨菜片	長 4.0 ～ 6.0，寬 2.0 ～ 4.0，高 (厚) 0.2 ～ 0.4	切完	
筍指甲片	長、寬各為 1.0 ～ 1.5，高 (厚) 0.3 以下	40g 以上	
豆腐指甲片	長、寬各為 1.0 ～ 1.5，高 (厚) 0.3 以下	半盒全部切完	
蔥段	長 3.0 ～ 5.0 直段或斜段	10g 以上	
薑片	長 2.0 ～ 3.0，寬 1.0 ～ 2.0，高 (厚) 0.2 ～ 0.4，可切菱形片	10g 以上	
杏鮑菇片	長 4.0 ～ 6.0，寬 2.0 ～ 4.0，高 (厚) 0.4 ～ 0.6	大小片皆用、切完	
紅辣椒末	直徑 0.3 以下碎末	切完	
里肌肉片	長 4.0 ～ 6.0，寬 2.0 ～ 4.0，高 (厚) 0.4 ～ 0.6	切完	去筋膜

第二階段烹調說明：請依題意及菜名與食材切配依據表需求自刀工切配作品中適量取用，加入之食材種類不得短少，否則依不符題意處理 (即該道菜判定為 60 分以下)，水花則依配色或烹調量需求，需有兩款但各款數量不一定要全加。

（1）榨菜炒肉片

烹調規定	1. 肉片需調味上漿、汆燙或過油皆可 2. 以蔥段、薑片、蒜片、紅辣椒片爆香，加入水花片，以炒或爆炒之烹調法完成
烹調法	炒、爆炒
調味規定	以鹽、酒、糖、味精、胡椒粉、香油等自選合宜使用
備註	榨菜須泡水稍除鹹味，過鹹則扣分，規定材料不得短少

（2）香酥杏鮑菇

烹調規定	杏鮑菇需上漿後再沾乾粉，炸至表層酥香，與三種辛香料、椒鹽炒香
烹調法	炸、拌炒
調味規定	麵粉、太白粉、鹽、泡打粉、胡椒粉、沙拉油、水等自選合宜使用
備註	杏鮑菇不得油軟，規定材料不得短少

（3）三色豆腐羹

烹調規定	1. 以羹的方式供應，需加適量的蔥花 2. 需加入蛋白液成雪花片或細片狀
烹調法	羹
調味規定	以鹽、酒、烏醋、白醋、糖、味精、胡椒粉、香油、太白粉水等調味料自選合宜使用
備註	豆腐破碎不得超過 1/3，規定材料不得短少

第一階段：清洗、切配、工作區域清理

☑ **清潔**
瓷碗盤 → 配料碗盤盆 → 鍋具 → 烹調用具（菜鏟、炒杓、大漏杓、調味匙、筷子）→ 刀具（即菜刀，其他刀具使用前消毒即可）→ 砧板 → 抹布 → 洗畢歸位

☑ **消毒**
刀具、砧板、抹布（例如熱水沸煮、化學法，本題庫選用酒精消毒）

洗滌順序為：		切割順序為：（※ 參考指定水花、盤飾，優先將兩者切出）	
乾貨 → 素-加工食品類 → 葷-加工食品類 → 蔬果類 → 肉類（順序為：牛羊豬雞鴨）→ 蛋類 → 水產類		乾貨 → 素-加工食品類 → 葷-加工食品類 → 蔬果類 → 肉類（順序為：牛羊豬雞鴨）→ 蛋類 → 水產類	
乾貨	乾香菇泡開去蒂	乾貨	香菇切指甲片
加工食品（素）	盒裝豆腐洗淨外盒；桶筍泡水；榨菜泡水	加工食品（素）	豆腐切指甲片；桶筍切指甲片；榨菜切長方片
加工食品（葷）	無	加工食品（葷）	無
蔬果類	紅蘿蔔去皮；紅辣椒去頭尾；蔥去蒂頭尾葉；洗淨杏鮑菇；薑去皮；蒜頭去膜；洗淨小黃瓜、大黃瓜	蔬果類	紅蘿蔔切水花片、切指甲片；紅辣椒切片、切末；蔥切長段、切花，分出蔥白、蔥綠；杏鮑菇切厚片狀；薑切片；蒜頭切薄片、切末
肉類	洗淨大里肌肉	肉類	大里肌肉去筋膜切長方片
蛋類	雞蛋洗淨	蛋類	雞蛋採三段式打蛋法備用
水產類	無	水產類	無

水花及盤飾參考 ▶ 依指定圖完成，可受公評並獲得普遍認同之美感。

指定水花（擇一）

指定盤飾（擇一）
▼ 大黃瓜、紅辣椒　　▼ 大黃瓜、小黃瓜、紅辣椒　　▼ 小黃瓜

| 盤飾  | ☑ 受評刀工  | 非受評刀工  |

榨菜炒肉片

炒、爆炒

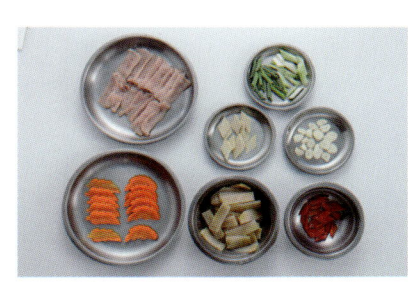

作法：

1. 大里肌肉片調味上漿，備用；榨菜泡水減緩鹹度。
2. 準備一鍋滾水，汆燙榨菜（去除鹹味），撈起瀝乾。（圖1）
3. 準備一鍋滾水，汆燙大里肌肉片，撈起瀝乾。
4. 熱鍋加入2大匙沙拉油，爆香蔥白段、薑片、蒜片、紅辣椒片，放入榨菜炒勻，放入紅蘿蔔水花片拌炒，加入大里肌肉片、調味料拌炒均勻。（圖2～3）
5. 起鍋前加入蔥綠段、香油拌勻。（圖4）

材料：

榨菜1個（約200g）、紅辣椒1條、蔥1支、薑1塊（約40g）、蒜頭10g、紅蘿蔔3/4條、大里肌肉200g

調味料：

糖1小匙、香油1小匙、水60cc、鹽1/2小匙、白胡椒粉1/4小匙、米酒1小匙

▶ 上漿：鹽1/4小匙、米酒1大匙

圖1 　　圖2 　　圖3 　　圖4

第二階段 70分鐘

❷ 香酥杏鮑菇　炸、拌炒

作法：

1. 杏鮑菇上漿調味（此處可加入「三色豆腐羹」挑出的蛋黃），裹上地瓜粉備用。（圖1～2）
2. 起油鍋至油溫約180℃，放入杏鮑菇炸酥，撈起瀝乾。（圖3）
3. 熱鍋加入1大匙沙拉油，炒香蒜末、紅辣椒末、蔥白花，放入杏鮑菇片拌炒，加入調味料、蔥綠花翻炒均勻。（圖4）

Point：蛋黃無黏性，僅用蛋黃上漿無法沾上粉類（除非用很多蛋黃），此道上漿材料有額外調入麵粉水，增強黏性。

材料：

杏鮑菇3支、蔥1支、紅辣椒1條、蒜頭10g

調味料：

鹽1/2小匙、白胡椒粉1/2小匙、糖1小匙
▸ 上漿：鹽1/8小匙、白胡椒粉1/4小匙、蛋黃2顆、麵粉2大匙、水1大匙
▸ 沾粉：地瓜粉4大匙（或適量太白粉）

圖1 　　圖2 　　圖3 　　圖4

③ 三色豆腐羹

作法：

1. 雞蛋採三段式打蛋法取出蛋液，另外取出蛋白打散；芡水備妥。
2. 準備一鍋滾水，汆燙桶筍（去除酸味），撈起瀝乾。
3. 準備一鍋滾水，汆燙紅蘿蔔，撈起瀝乾。（圖1）
4. 熱鍋加入1大匙沙拉油，爆香香菇，加入清水煮沸，放入紅蘿蔔與桶筍煮勻，加入鹽、白胡椒粉煮勻。（圖2）
5. 放入豆腐片以勺背輕推，水滾後加入適量太白粉水勾至呈現羹狀，加入蛋白液煮成雪花片，撒上蔥花拌勻，起鍋前再加入適量香油即可。（圖3～4）

材料：

盒裝豆腐1/2盒、乾香菇1朵、桶筍1/2支（約100g）、紅蘿蔔1/4條、蔥1支、雞蛋2顆、清水1500cc

調味料：

鹽1小匙、白胡椒粉1/2小匙、香油1小匙

▶ 芡水：太白粉3大匙、水5大匙

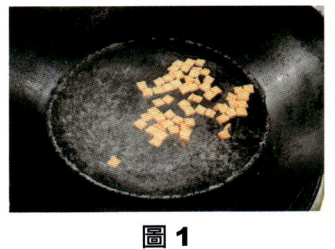

圖1　　圖2　　圖3　　圖4

301-08

❶ 脆溜麻辣雞球　❷ 銀芽炒雙絲　❸ 素燴三色杏鮑菇

▶ 菜名與食材切配依據

菜餚名稱	主要刀工	烹調法	主材料類別	材料組合	水花款式	盤飾款式
脆溜麻辣雞球	剞刀厚片	脆溜	雞胸肉	乾辣椒、花椒粒、小黃瓜、薑、蔥、蒜頭、雞胸肉		參考規格明細
銀芽炒雙絲	絲	炒、爆炒	綠豆芽	桶筍、青椒、綠豆芽、紅辣椒、薑、蒜頭		
素燴三色杏鮑菇	片	燴	杏鮑菇	桶筍、五香大豆干、杏鮑菇、紅蘿蔔、小黃瓜、薑	參考規格明細	

▶ 材料清點卡 - 材料明細

材料	規格描述	重量（數量）	備註
乾辣椒	條狀無霉味	8 條	
桶筍	若為空心或軟爛不足需求量，應檢人可反應更換	1 支	去除筍尖的實心淨肉至少 200g，需縱切檢視才分發，烹調時需去酸味
五香大豆干	完整塊狀鮮度足無酸味	1/2 塊	厚度 2.0 公分以上
小黃瓜	不可大彎曲鮮度足	3 條	80g 以上 / 條
大黃瓜	表面平整不皺縮不潰爛	1 截	6 公分長 / 截
蔥	新鮮飽滿	50g	
薑	長段無潰爛	120g	需可切絲、片
蒜頭	飽滿無發芽無潰爛	20g	
青椒	表面平整不皺縮不潰爛	1/2 個	120g 以上 / 個
綠豆芽	新鮮不潰爛	200g	洗滌中或切割中去頭尾
紅辣椒	表面平整不皺縮不潰爛	1 條	10g 以上 / 條
杏鮑菇	形大結實飽滿	1 支	100g 以上 / 支
紅蘿蔔	表面平整不皺縮不潰爛	1 條	300g 以上 / 條，若為空心須再補發
雞胸肉	帶骨帶皮，鮮度足	1 付	360g 以上 / 付

▶ 刀工作品規格卡 - 規格明細

刀工 第一階段繳交刀工作品規格（係取自菜名與食材切配依據表所示之成品，只需取出規格明細表所示之種類數量，每一種類的數量皆至少有 3/4 量符合其規定尺寸，其餘作品留待烹調時適量取用）。受評分刀工作品以配菜盤分類盛裝受評，另加兩種盤飾以 2 只瓷盤盛裝擺設。

材料	規格描述（長度單位：公分）	數量	備註
紅蘿蔔水花片兩款	自選1款及指定1款，指定款須參考下列指定圖(形狀大小需可搭配菜餚)厚薄度（0.3～0.4公分）	各6片以上	
配合材料擺出兩種盤飾	下頁指定圖3選2	各1盤	
桶筍片	長4.0～6.0，寬2.0～4.0，高（厚）0.2～0.4，可切菱形片	10片以上	
桶筍絲	寬、高（厚）各為0.2～0.4，長4.0～6.0	50g以上	
蒜末	直徑0.3以下碎末	10g	
小黃瓜丁	長、寬、高（厚）各1.5～2.0，滾刀或菱形狀	50g以上	比雞球小
蔥段	長3.0～5.0直段或斜段	30g	麻辣雞球用
青椒絲	寬、高（厚）各為0.2～0.4，長4.0～6.0	切完	
薑絲	寬、高（厚）各為0.3以下，長4.0～6.0	10g	
杏鮑菇片	長4.0～6.0，寬2.0～4.0，高（厚）0.4～0.6	切完	弧形邊也用
雞球	剞切菊花花刀間隔為0.5～1.0	切完	

烹調指引卡

第二階段烹調說明：請依題意及菜名與食材切配依據表需求自刀工切配作品中適量取用，加入之食材種類不得短少，否則依不符題意處理（即該道菜判定為60分以下），水花則依配色或烹調量需求，需有兩款但各款數量不一定要全加。

（1）脆溜麻辣雞球

烹調規定	1. 雞球需調味、沾乾粉炸酥而上色 2. 以花椒粒、蒜片、薑片、蔥段、乾辣椒爆香，配製脆溜汁，與所有材料做成脆溜菜
烹調法	脆溜
調味規定	以醬油、鹽、番茄醬、酒、糖、白醋、烏醋、味精、胡椒粉、香油、太白粉水等調味料自選合宜使用
備註	盤底無多餘醬汁或醬汁不可過多，規定材料不得短少

（2）銀芽炒雙絲

烹調規定	以蒜末、薑絲爆香，以炒或爆炒法完成
烹調法	炒、爆炒
調味規定	以鹽、酒、糖、味精、胡椒粉、香油、太白粉水等調味料自選合宜使用
備註	規定材料不得短少

（3）素燴三色杏鮑菇

烹調規定	以薑片爆香，合所有材料包含水花燴煮成菜
烹調法	燴
調味規定	以鹽、酒、糖、味精、胡椒粉、香油、太白粉水等調味料自選合宜使用
備註	需有燴汁，規定材料不得短少

301-08

第一階段：清洗、切配、工作區域清理

☑ **清潔**
瓷碗盤 → 配料碗盤盆 → 鍋具 → 烹調用具（菜鏟、炒杓、大漏杓、調味匙、筷子）→ 刀具（即菜刀，其他刀具使用前消毒即可）→ 砧板 → 抹布 → 洗畢歸位

☑ **消毒**
刀具、砧板、抹布（例如熱水沸煮、化學法，本題庫選用酒精消毒）

洗滌順序為：		切割順序為：（※參考指定水花、盤飾，優先將兩者切出）	
乾貨 → 素-加工食品類 → 葷-加工食品類 → 蔬果類 → 肉類（順序為：牛羊豬雞鴨）→ 蛋類 → 水產類		乾貨 → 素-加工食品類 → 葷-加工食品類 → 蔬果類 → 肉類（順序為：牛羊豬雞鴨）→ 蛋類 → 水產類	
乾貨	洗淨乾辣椒，瀝乾；洗淨花椒粒，瀝乾	乾貨	乾辣椒切小段（若是段狀便不用切）
加工食品（素）	洗淨五香大豆干；桶筍泡水	加工食品（素）	五香大豆干切片；桶筍切菱形片、切絲
加工食品（葷）	無	加工食品（葷）	無
蔬果類	紅蘿蔔去皮；青椒去蒂洗淨；洗淨小黃瓜、大黃瓜；綠豆芽去頭尾，處理成銀芽，泡水備用；紅辣椒去頭尾；蔥去蒂頭尾葉；蒜頭去膜；薑去皮；洗淨杏鮑菇	蔬果類	紅蘿蔔切水花片；青椒切絲；小黃瓜切菱形片、切丁；紅辣椒切絲；蔥切斜段；蒜頭切片、切末；薑切菱形片、切絲；杏鮑菇切片
肉類	洗淨雞胸肉去皮骨	肉類	雞胸肉切菊花花刀
蛋類	無	蛋類	無
水產類	無	水產類	無

水花及盤飾參考 ▶ 依指定圖完成，可受公評並獲得普遍認同之美感。

受評刀工示範圖檔

指定水花（擇一）

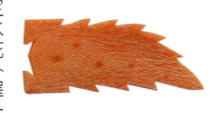

指定盤飾（擇二）

▼ 大黃瓜、紅辣椒　　▼ 大黃瓜、紅辣椒　　▼ 小黃瓜

| 盤飾  | ☑ 受評刀工  | 非受評刀工  |

301 / 08

第二階段 70分鐘

❶ 脆溜麻辣雞球　脆溜

作法：

1. 雞胸肉調味，裹上沾粉材料，捲成球狀備用；芡水備妥。（圖1）
2. 起油鍋至油溫約180℃，將雞球炸酥、小黃瓜過油，撈起瀝乾。（圖2）
3. 熱鍋加入1小匙香油，爆香花椒粒，撈出過濾成花椒油；鍋內加入花椒油，小火爆香蒜片、薑片、蔥白段、乾辣椒，加入調味料（除了烏醋、香油）煮勻。（圖3）
4. 放入小黃瓜丁煮勻，以適量太白粉水勾薄芡，加入雞球、蔥綠段、烏醋、香油拌炒入味，盛盤，注意盤底無多餘醬汁（或醬汁不可過多）。（圖4）

Point：雞球確實剝開沾粉，避免沒沾到粉的地方，入鍋油炸時黏在一起。

材料：

乾辣椒8條、花椒粒約25粒、小黃瓜1條、薑80g、蔥1支、蒜頭10g、雞胸肉1付（約360g）

調味料：

醬油2大匙、糖1小匙、香油1小匙、水150cc、米酒1小匙、白胡椒粉1/2小匙、烏醋1大匙

▸ 上漿：鹽1/4小匙、米酒1大匙
▸ 沾粉：麵粉1.5大匙
▸ 芡水：太白粉1大匙、水1大匙

圖1　　圖2　　圖3　　圖4

123

❷ 銀芽炒雙絲　炒、爆炒

作法：

1. 準備一鍋滾水，汆燙桶筍絲（去除酸味），撈起瀝乾。
2. 熱鍋加入 2 大匙沙拉油，爆香蒜末、薑絲。（圖 1）
3. 加入紅辣椒絲、桶筍絲翻炒，加入銀芽、青椒翻炒均勻。（圖 2～3）
4. 加入調味料（除了香油）拌炒均勻，以適量太白粉水勾薄芡，起鍋前加入香油拌勻。（圖 4）

材料：

桶筍 1/2 支（約 100g）、青椒 1/2 個（約 120g）、紅辣椒 1 條、蒜頭 10g、薑 40g、綠豆芽 200g

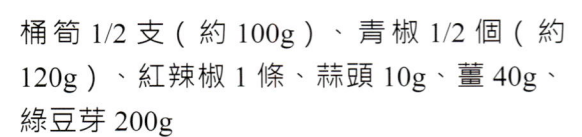

調味料：

鹽 1 小匙、糖 1 小匙、水 60cc、香油 1 小匙

▶ 芡水：太白粉 1 大匙、水 1 大匙

圖 1 　　圖 2 　　圖 3 　　圖 4

❸ 素燴三色杏鮑菇

作法：

1. 準備一鍋滾水，汆燙五香大豆干片，撈起瀝乾；將芡水備妥。
2. 準備一鍋滾水，汆燙桶筍片（去除酸味），撈起瀝乾。
3. 準備一鍋滾水，汆燙杏鮑菇、紅蘿蔔水花片、小黃瓜片，撈起瀝乾。
4. 熱鍋加入 1 小匙沙拉油，爆香薑片，放入全部材料（除了小黃瓜片）大火炒勻。（圖 1 ~ 2）
5. 轉中火加入調味料（除了香油）翻炒均勻，入小黃瓜片，以適量太白粉水勾薄芡，起鍋前加入少許香油即可，盛盤（需有燴汁）。（圖 3 ~ 4）

材料：

桶筍 1/2 支（約 100g）、五香大豆干 1/2 塊、杏鮑菇 1 支（約 100g）、紅蘿蔔 250g、小黃瓜 1 條、薑 40g

調味料：

鹽 1 小匙、水 150cc、白胡椒粉 1/4 小匙、糖 1 小匙、香油 1 小匙

▸ 芡水：太白粉 2 大匙、水 2 大匙

圖 1　　圖 2　　圖 3　　圖 4

301-09

❶ 五香炸肉條　　❷ 三色煎蛋　　❸ 三色冬瓜捲

▶ 菜名與食材切配依據

菜餚名稱	主要刀工	烹調法	主材料類別	材料組合	水花款式	盤飾款式
五香炸肉條	條	軟炸	大里肌肉	蔥、薑、蒜頭、大里肌肉		參考規格明細
三色煎蛋	片	煎	雞蛋	玉米粒、紅蘿蔔、四季豆、蔥、雞蛋		
三色冬瓜捲	絲、片	蒸	冬瓜	乾香菇、冬瓜、紅蘿蔔、桶筍、薑	參考規格明細	

▶ 材料清點卡 - 材料明細

材料	規格描述	重量(數量)	備註
乾香菇	直徑4公分以上	3朵	可於洗鍋具時優先煮水浸泡於乾貨類切割
玉米粒	合格廠商效期內	40g	罐頭
桶筍	若為空心或軟爛不足需求量,應檢人可反應更換	1/2支	去除筍尖的實心淨肉至少100g,需縱切檢視才分發,烹調時需去酸味
蔥	新鮮飽滿	60g	
薑	長段無潰爛	60g	需可切絲、末
蒜頭	飽滿無發芽無潰爛	10g	
紅蘿蔔	表面平整不皺縮不潰爛	1條	300g以上/條,若為空心須再補發
紅辣椒	表面平整不皺縮不潰爛	1條	10g以上/條
小黃瓜	不可大彎曲鮮度足	1條	80g以上/條
大黃瓜	表面平整不皺縮不潰爛	1截	6公分長/截
四季豆	飽滿鮮度足	60g	每支長14cm以上
冬瓜	不可用頭尾,新鮮無潰爛,平整可供切長片	600g以上	寬6公分以上,長12公分以上
大里肌肉	完整塊狀鮮度足可供橫紋切條	200g	
雞蛋	外形完整鮮度足	5個	

▶ 刀工作品規格卡 - 規格明細

第一階段繳交刀工作品規格(係取自菜名與食材切配依據表所示之成品,只需取出規格明細表所示之種類數量,每一種類的數量皆至少有3/4量符合其規定尺寸,其餘作品留待烹調時適量取用)。受評分刀工作品以配菜盤分類盛裝受評,另加兩種盤飾以2只瓷盤盛裝擺設。

材料	規格描述（長度單位：公分）	數量	備註
紅蘿蔔水花片兩款	自選 1 款及指定 1 款，指定款須參考下列指定圖(形狀大小需可搭配菜餚)厚薄度(0.3～0.4 公分)	各 6 片以上	
配合材料擺出兩種盤飾	下頁指定圖 3 選 2	各 1 盤	
乾香菇絲	寬、高(厚)各為 0.2～0.4，長依食材規格	切完	
桶筍絲	寬、高(厚)各為 0.2～0.4，長 4.0～6.0	20g 以上	
紅蘿蔔絲	寬、高(厚)各為 0.2～0.4，長 4.0～6.0	20g 以上	
薑絲	寬、高(厚)各為 0.3 以下，長 4.0～6.0	10g 以上	
蔥花	長、寬、高(厚)各為 0.2～0.4	10g 以上	醃肉用
蒜末	直徑 0.3 以下碎末	5g 以上	醃肉用
紅蘿蔔指甲片	長、寬度各為 1.0～1.5，高(厚)0.3 以下	20g 以上	
冬瓜長薄片	長 12.0 以上，寬 4.0 以上，高(厚)0.3 以下	6 片以上	
里肌肉條	寬、高(厚)各為 0.8～1.2，長 4.0～6.0	切完	去筋膜

烹調指引卡

第二階段烹調說明：請依題意及菜名與食材切配依據表需求自刀工切配作品中適量取用，加入之食材種類不得短少，否則依不符題意處理(即該道菜判定為 60 分以下)，水花則依配色或烹調量需求，需有兩款但各款數量不一定要全加。

（1）五香炸肉條

烹調規定	1. 肉條以蔥末、薑末、蒜末、五香粉調味 2. 沾麵糊炸至香酥上色且熟
烹調法	軟炸
調味規定	以麵粉、太白粉、泡打粉、沙拉油、醬油、糖、味精、胡椒粉、五香粉、香油、等調味料自選合宜使用
備註	不可焦黑，規定材料不得短少

（2）三色煎蛋

烹調規定	1. 所有材料煎成一大圓片，熟而金黃上色 2. 須用 4 個雞蛋，加蔥花，只能煎成一大圓片，改刀為 6 片
烹調法	煎
調味規定	以鹽、味精、胡椒粉、香油等調味料自選合宜使用
備註	1. 全熟，可焦黃但不焦黑 2. 須以熟食砧板刀具做熟食切割，規定材料不得短少

（3）三色冬瓜捲

烹調規定	1. 冬瓜片燙軟後，以三種材料及薑絲取適量捲成一捲 2. 冬瓜捲須蒸透，最後以水晶芡淋之，以適量的水花入菜
烹調法	蒸
調味規定	以鹽、酒、糖、味精、胡椒粉、香油、太白粉水等料自選合宜使用
備註	1. 冬瓜捲需緊實，亦可自選材料綑綁，水晶芡不得濃稠似琉璃芡 2. 規定材料不得短少

301-09

第一階段：清洗、切配、工作區域清理

☑ 清潔
瓷碗盤 → 配料碗盤盆 → 鍋具 → 烹調用具（菜鏟、炒杓、大漏杓、調味匙、筷子）→ 刀具（即菜刀，其他刀具使用前消毒即可）→ 砧板 → 抹布 → 洗畢歸位

☑ 消毒
刀具、砧板、抹布（例如熱水沸煮、化學法，本題庫選用酒精消毒）

洗滌順序為：		切割順序為：（※ 參考指定水花、盤飾，優先將兩者切出）	
乾貨 → 素-加工食品類 → 葷-加工食品類 → 蔬果類 → 肉類（順序為：牛羊豬雞鴨）→ 蛋類 → 水產類		乾貨 → 素-加工食品類 → 葷-加工食品類 → 蔬果類 → 肉類（順序為：牛羊豬雞鴨）→ 蛋類 → 水產類	
乾貨	乾香菇泡開去蒂	乾貨	香菇切絲
加工食品（素）	玉米粒洗淨；桶筍泡水	加工食品（素）	玉米粒備用；桶筍切絲
加工食品（葷）	無	加工食品（葷）	無
蔬果類	紅蘿蔔去皮；四季豆去頭尾，剝去細絲；冬瓜去皮；蔥去蒂頭尾葉；薑去皮；蒜頭去膜；洗淨小黃瓜、大黃瓜；紅辣椒去頭尾	蔬果類	紅蘿蔔切水花片、切指甲片、切絲；四季豆切指甲片；冬瓜切薄片6片；蔥切末、切花；薑切末、切絲；蒜頭切末
肉類	洗淨大里肌肉	肉類	大里肌肉去筋膜，切長條狀
蛋類	洗淨雞蛋	蛋類	雞蛋採三段式打蛋法備用
水產類	無	水產類	無

水花及盤飾參考 ▶ 依指定圖完成，可受公評並獲得普遍認同之美感。

指定水花（擇一）

指定盤飾（擇二）
▼ 大黃瓜
▼ 大黃瓜、小黃瓜、紅辣椒
▼ 小黃瓜、紅辣椒

盤飾	☑ 受評刀工	非受評刀工

第一階段 90分鐘

❶ 五香炸肉條 軟炸

301 / 09

第二階段 70分鐘

作法：

1. 將麵糊調勻，醒麵 15 分鐘備用。
2. 大里肌肉條、蔥末、薑末、蒜末抓勻，與醃料醃至入味，約 5 分鐘。（圖1）
3. 起油鍋至油溫約 180°C，大里肌肉條裹上麵糊，炸至金黃色熟成，撈起瀝乾，盛入瓷盤即可。（圖2～4）

材料：

蔥 15g、薑 30g、蒜頭 10g、大里肌肉 200g

調味料：

▶ 醃料：鹽 1/2 小匙、五香粉 1/4 小匙、白胡椒粉 1/2 小匙、米酒 1 小匙

▶ 麵糊：麵粉 4 大匙、太白粉 4 大匙、水 6 大匙、沙拉油 3 大匙、泡打粉 1/2 小匙、雞蛋 1 個

圖1 　圖2 　圖3 　圖4

301-09 第二階段 70分鐘

❷ 三色煎蛋　煎

作法：

1. 準備一鍋滾水，汆燙玉米粒、紅蘿蔔、四季豆，撈起瀝乾。
2. 雞蛋採三段式打蛋法處理，打散雞蛋，放入燙好的三色材料及蔥花，加入調味料拌勻。（圖1）
3. 熱鍋加入3大匙沙拉油熱油，輕輕倒入蛋液，鍋鏟於中心不停劃圈，幫助蛋液提早凝結，以小火煎至兩面金黃，盛出。（圖2～3）
4. 運用衛生手法，將熟食砧板、菜刀消毒後，戴上免洗手套，分切六等分盛盤。（圖4）

Point：用鏟尖壓煎蛋中心，無蛋液滲出即可。

材料：

玉米粒40g、紅蘿蔔1/4條、四季豆60g、蔥45g、雞蛋4個

調味料：

鹽1/2小匙

圖1　　圖2　　圖3　　圖4

❸ 三色冬瓜捲　蒸

作法：

1. 準備一鍋滾水，汆燙桶筍絲（去除酸味），撈起瀝乾。
2. 準備一鍋滾水，汆燙香菇絲，撈起瀝乾。
3. 準備一鍋滾水，汆燙冬瓜片30秒，撈起瀝乾；分別汆燙紅蘿蔔絲、紅蘿蔔水花片，撈起瀝乾。（圖1）
4. 桌子鋪上保鮮膜，冬瓜片包入香菇絲、紅蘿蔔絲、桶筍絲、薑絲，捲起成冬瓜捲；芡水備妥。（圖2）
5. 蒸鍋起滾水；將冬瓜捲及水花片擺盤，放入蒸鍋以中火蒸5分鐘。（圖3）
6. 鍋中加入調味料（除了香油）煮勻，以適量太白粉水勾水晶芡，加入香油，淋上蒸好的冬瓜捲。（圖4）

材料：

乾香菇3朵、紅蘿蔔3/4條、桶筍1/2支（約100g）、薑30g、冬瓜1塊（約600g）

調味料：

鹽1/2小匙、糖1/2小匙、水100cc、香油1大匙

▶ 芡水：太白粉1大匙、水1大匙

圖1 　　圖2 　　圖3 　　圖4

301-10

❶ 涼拌豆干雞絲　❷ 辣豉椒炒肉丁　❸ 醬燒筍塊

▶ 菜名與食材切配依據

菜餚名稱	主要刀工	烹調法	主材料類別	材料組合	水花款式	盤飾款式
涼拌豆干雞絲	絲	涼拌	大豆干 雞胸肉	五香大豆干、小黃瓜、紅蘿蔔、紅辣椒、蔥、薑、雞胸肉		參考規格明細
辣豉椒炒肉丁	丁	炒、爆炒	大里肌肉	豆豉、辣椒醬、青椒、紅辣椒、蒜頭、大里肌肉		
醬燒筍塊	滾刀塊	紅燒	桶筍	冬瓜醬、黃豆醬、桶筍、紅蘿蔔、蔥、薑、蒜頭	參考規格明細	

▶ 材料清點卡 - 材料明細

材料	規格描述	重量（數量）	備註
五香大豆干	完整塊狀鮮度足無酸味	1 塊	厚度 2.0 公分以上
桶筍	若為空心或軟爛不足需求量，應檢人可反應更換	1.5 支	去除筍尖的實心淨肉至少 300g，需縱切檢視才分發，烹調時需去酸味
青椒	表面平整不皺縮不潰爛	1 個	120g 以上 / 個
紅蘿蔔	表面平整不皺縮不潰爛	1 條	300g 以上 / 條，若為空心須再補發
紅辣椒	表面平整不皺縮不潰爛	2 條	10g 以上 / 條
蔥	新鮮飽滿	100g	
蒜頭	飽滿無發芽無潰爛	20g	
薑	長段無潰爛	100g	不宜細條，需可供切絲、水花片
小黃瓜	不可大彎曲鮮度足	2 條	80g 以上 / 條
大黃瓜	表面平整不皺縮不潰爛	1 截	6 公分長 / 截
大里肌肉	完整塊狀鮮度足	200g	
雞胸肉	帶骨帶皮，鮮度足	1/2 付	360g 以上 / 付

▶ 刀工作品規格卡 - 規格明細

第一階段繳交刀工作品規格（係取自菜名與食材切配依據表所示之成品，只需取出規格明細表所示之種類數量，每一種類的數量皆至少有 3/4 量符合其規定尺寸，其餘作品留待烹調時適量取用）。受評分刀工作品以配菜盤分類盛裝受評，另加兩種盤飾以 2 只瓷盤盛裝擺設。

材料	規格描述（長度單位：公分）	數量	備註
紅蘿蔔水花片	指定 1 款，指定款須參考下列指定圖（形狀大小需可搭配菜餚）厚薄度（0.3～0.4 公分）	6 片以上	
薑水花片	自選 1 款厚薄度（0.3～0.4 公分）	6 片以上	
配合材料擺出兩種盤飾	下頁指定圖 3 選 2	各 1 盤	
筍塊	邊長 2.0～4.0 的滾刀塊	切完	
五香大豆干絲	寬、高（厚）各為 0.2～0.4，長 4.0～6.0	切完	
小黃瓜絲	寬、高（厚）各為 0.2～0.4，長 4.0～6.0	1 條切完	
青椒丁	長、寬各 0.8～1.2，高（厚）依食材規格	切完	
紅蘿蔔絲	寬、高（厚）各為 0.2～0.4，長 4.0～6.0	30g 以上	
薑絲	寬、高（厚）各為 0.3 以下，長 4.0～6.0	10g	
蔥段	長 3.0～5.0 直段或斜段	20g	
里肌肉丁	長、寬、高（厚）各 0.8～1.2	切完	去筋膜
雞絲	寬、高（厚）各為 0.2～0.4，長 4.0～6.0	切完	

第二階段烹調說明：請依題意及菜名與食材切配依據表需求自刀工切配作品中適量取用，加入之食材種類不得短少，否則依不符題意處理（即該道菜判定為 60 分以下），水花則依配色或烹調量需求，需有兩款但各款數量不一定要全加。

烹調指引卡

（1）涼拌豆干雞絲

烹調規定	肉絲需調味上漿汆燙，調味拌合放涼即可
烹調法	涼拌
調味規定	以鹽、白醋、烏醋、糖、味精、胡椒粉、香油等調味料自選合宜使用
備註	需遵守操作衛生，規定材料不得短少

（2）辣豉椒炒肉丁

烹調規定	1. 肉丁需調味上漿、汆燙或過油皆可 2. 以蒜末、紅辣椒丁爆香，以炒或爆炒等烹調法完成
烹調法	炒、爆炒
調味規定	以辣椒醬、豆豉、醬油、鹽、酒、糖、味精、胡椒粉、香油、太白粉水等調味料自選合宜使用
備註	不可嚴重出油，規定材料不得短少

（3）醬燒筍塊

烹調規定	1. 筍塊去酸味，上醬油炸成琥珀色 2. 以蒜片、蔥白段、薑水花爆香，冬瓜醬、黃豆醬、含紅蘿蔔水花片燒上色並加蔥段配色，少許淡芡收汁即可
烹調法	紅燒
調味規定	以冬瓜醬、黃豆醬、醬油、鹽、酒、糖、味精、胡椒粉、香油、太白粉水等調味料自選合宜使用
備註	筍必需先去酸味，需有燒汁且不得濃縮出油，規定材料不得短少

301-10

第一階段：清洗、切配、工作區域清理

☑ **清潔**
瓷碗盤 → 配料碗盤盆 → 鍋具 → 烹調用具（菜鏟、炒杓、大漏杓、調味匙、筷子）→ 刀具（即菜刀，其他刀具使用前消毒即可）→ 砧板 → 抹布 → 洗畢歸位

☑ **消毒**
刀具、砧板、抹布（例如熱水沸煮、化學法，本題庫選用酒精消毒）

洗滌順序為：		切割順序為：（※ 參考指定水花、盤飾，優先將兩者切出）	
乾貨 → 素-加工食品類 → 葷-加工食品類 → 蔬果類 → 肉類（順序為：牛羊豬雞鴨）→ 蛋類 → 水產類		乾貨 → 素-加工食品類 → 葷-加工食品類 → 蔬果類 → 肉類（順序為：牛羊豬雞鴨）→ 蛋類 → 水產類	
乾貨	豆豉洗淨備用	乾貨	豆豉備用
加工食品（素）	洗淨五香大豆干；桶筍泡水	加工食品（素）	五香大豆干切絲；桶筍切滾刀塊
加工食品（葷）	無	加工食品（葷）	無
蔬果類	洗淨小黃瓜、大黃瓜；紅蘿蔔去皮；紅辣椒去頭尾；蔥去蒂頭尾葉；薑去皮；蒜頭去膜；青椒去蒂洗淨	蔬果類	小黃瓜切絲；紅蘿蔔切一款水花片、切絲；紅辣椒切絲、切丁；蔥切斜長段、切絲，分出蔥白、蔥綠；薑切一款水花片、切絲；蒜頭切片、切末；青椒切丁
肉類	洗淨大里肌肉；洗淨雞胸肉去皮骨	肉類	大里肌肉去筋膜切丁；雞胸切長絲
蛋類	無	蛋類	無
水產類	無	水產類	無

水花及盤飾參考 ▶ 依指定圖完成，可受公評並獲得普遍認同之美感。

受評刀工示範圖檔 ▶

指定水花（擇一）

指定盤飾（擇一）

▼ 大黃瓜、紅辣椒　　▼ 大黃瓜、紅辣椒　　▼ 小黃瓜

盤飾	☑ 受評刀工	非受評刀工

301

第二階段 70分鐘

❶ 涼拌豆干雞絲　涼拌

作法：

1. 熱鍋加入香油，爆香薑絲、紅辣椒絲，加入調味料煮滾，放涼。（圖1）
2. 雞胸肉絲調味上漿，備用。
3. 準備一鍋滾水，汆燙五香大豆干、紅蘿蔔、小黃瓜，燙熟撈起，泡入可食用冷開水中；汆燙雞胸肉絲，燙熟撈起，泡入可食用冷開水中，泡涼瀝乾。（圖2）
4. 用乾淨筷子或戴上免洗手套，將燙好的材料、蔥絲、步驟1調味料混合均勻，注意操作衛生規則，盛盤。（圖3～4）

材料：

五香大豆干1塊、小黃瓜1條、紅蘿蔔1/4條、紅辣椒1條、蔥50g、薑20g、雞胸肉1/2付（約180g）

調味料：

鹽1/2小匙、白胡椒粉1小匙、香油1小匙、水100cc、糖1/2小匙

▶ 上漿：鹽1/4小匙、米酒1大匙、太白粉1.5小匙

圖1　　圖2　　圖3　　圖4

❷ 辣豉椒炒肉丁　炒、爆炒

作法：

1. 大里肌肉丁調味上漿，備用；芡水備妥。
2. 準備一鍋滾水，汆燙大里肌肉丁，燙熟後撈起瀝乾。（圖1）
3. 熱鍋加入2大匙沙拉油，爆香蒜末、紅辣椒丁、豆豉，加入調味料（除了香油）炒勻。
4. 加入適量太白粉水勾薄芡，加入青椒、大里肌肉丁拌炒均勻，起鍋前淋上香油。（圖2～4）

材料：

青椒1個、紅辣椒1條、蒜頭10g、大里肌肉200g、豆豉2大匙（約15g）

調味料：

辣椒醬1大匙、醬油1小匙、糖1小匙、香油1小匙、米酒1大匙、白胡椒粉1/4小匙、水60cc

▶ 上漿：鹽1/4小匙、米酒1大匙、太白粉1小匙

▶ 芡水：太白粉1大匙、水1大匙

圖1 　圖2 　圖3 　圖4

❸ 醬燒筍塊　🍲 紅燒

作法：

1. 準備一鍋滾水，汆燙桶筍（去除酸味），撈起瀝乾。（圖1）
2. 準備一鍋滾水，汆燙紅蘿蔔水花片，撈起瀝乾。
3. 起油鍋至油溫約180℃，將桶筍上醬油炸成琥珀色；芡水備妥。（圖2）
4. 熱鍋加入1大匙沙拉油，爆香蒜片、蔥白段、薑水花片。（圖3）
5. 放入桶筍、紅蘿蔔水花片、調味料（除了香油）煮勻，燜煮5分鐘。
6. 煮至收汁以適量太白粉水略勾薄芡，起鍋前加入香油、蔥綠段，翻炒均勻即可。（圖4）

材料：

桶筍1.5支（約300g）、紅蘿蔔3/4條、蔥50g、薑80g、蒜頭10g

調味料：

冬瓜醬1大匙、黃豆醬1大匙、醬油1大匙、糖1小匙、水200cc、香油1大匙、米酒1大匙、白胡椒粉1/4小匙

▶ 上醬油：醬油1/4小匙
▶ 芡水：太白粉1大匙、水1大匙

圖1 　　圖2 　　圖3 　　圖4

301 / 10

第二階段　70分鐘

301-11

❶ 燴咖哩雞片　❷ 酸菜炒肉絲　❸ 三絲淋蛋餃

▶ 菜名與食材切配依據

菜餚名稱	主要刀工	烹調法	主材料類別	材料組合	水花款式	盤飾款式
燴咖哩雞片	片	燴	雞胸肉	咖哩粉、椰漿、洋蔥、青椒、紅蘿蔔、雞胸肉	參考規格明細	參考規格明細
酸菜炒肉絲	絲	炒、爆炒	大里肌肉、酸菜	酸菜、蒜頭、蔥、薑、紅辣椒、大里肌肉		
三絲淋蛋餃	絲	淋溜	雞蛋	乾木耳、蝦米、桶筍、紅蘿蔔、蔥、薑、絞肉、雞蛋		

▶ 材料清點卡 - 材料明細

材料	規格描述	重量(數量)	備註
乾木耳	大片無長黴，漲發後可供切5公分以上的絲	1大片	5g/大片，可於洗鍋具時優先煮水浸泡於乾貨類切割，泡開後需足夠切出8g的絲
蝦米	紮實無異味	2g	約4-5隻
桶筍	若為空心或軟爛不足需求量，應檢人可反應更換	1/2支	去除筍尖的實心淨肉至少100g，需縱切檢視才分發
酸菜心	不得軟爛	180g	切絲用
洋蔥	飽滿無潰爛無黑心	1/4個	250g以上/個
青椒	表面平整不皺縮不潰爛	1/2個	120g以上/個
紅蘿蔔	表面平整不皺縮不潰爛	1條	300g以上/條，若為空心須再補發
蔥	新鮮飽滿	100g	
薑	長段無潰爛	80g	需可切絲、末
蒜頭	飽滿無發芽無潰爛	10g	
紅辣椒	表面平整不皺縮不潰爛	1條	10g以上/條
大黃瓜	表面平整不皺縮不潰爛	1截	6公分長/截
豬絞肉	鮮度足無異味	80g	
大里肌肉	完整塊狀鮮度足可供橫紋切長絲	160g	
雞胸肉	帶骨帶皮，鮮度足	1/2付	360g以上/付
雞蛋	外形完整鮮度足	4個	

▶ 刀工作品規格卡 - 規格明細

第一階段繳交刀工作品規格（係取自菜名與食材切配依據表所示之成品，只需取出規格明細表所示之種類數量，每一種類的數量皆至少有 3/4 量符合其規定尺寸，其餘作品留待烹調時適量取用）。受評分刀工作品以配菜盤分類盛裝受評，另加兩種盤飾以 2 只瓷盤盛裝擺設。

材料	規格描述（長度單位：公分）	數量	備註
紅蘿蔔水花片兩款	自選 1 款及指定 1 款，指定款須參考下列指定圖（形狀大小需可搭配菜餚）厚薄度（0.3 ~ 0.4 公分）	各 6 片以上	
配合材料擺出兩種盤飾	下頁指定圖 3 選 2	各 1 盤	
木耳絲	寬 0.2 ~ 0.4，長 4.0 ~ 6.0，高（厚）依食材規格	8g 以上	
筍絲	寬、高（厚）各為 0.2 ~ 0.4，長 4.0 ~ 6.0	30g 以上	
酸菜絲	寬、高（厚）各為 0.2 ~ 0.4，長 4.0 ~ 6.0	切完	
青椒片	長 3.0 ~ 5.0，寬 2.0 ~ 4.0，高（厚）依食材規格，可切菱形片	切完	
紅蘿蔔絲	寬、高（厚）各為 0.2 ~ 0.4，長 4.0 ~ 6.0	20g 以上	
蔥段	長 3.0 ~ 5.0 直段或斜段	10g 以上	
蔥絲	寬、高（厚）各為 0.3 以下，長 4.0 ~ 6.0	5g 以上	蛋餃用
里肌肉絲	寬、高（厚）各為 0.2 ~ 0.4，長 4.0 ~ 6.0	切完	去筋膜
雞片	長 4.0 ~ 6.0，寬 2.0 ~ 4.0，高（厚）0.4 ~ 0.6	切完	

第二階段烹調說明：請依題意及菜名與食材切配依據表需求自刀工切配作品中適量取用，加入之食材種類不得短少，否則依不符題意處理（即該道菜判定為 60 分以下），水花則依配色或烹調量需求，需有兩款但各款數量不一定要全加。

（1）燴咖哩雞片

烹調規定	1. 雞片需調味上漿、汆燙或過油皆可 2. 洋蔥片為爆香配料，以咖哩粉、水花、所有材料烹調完成
烹調法	燴
調味規定	以鹽、酒、糖、味精、咖哩粉、椰漿、香油、太白粉水等調味料自選合宜使用
備註	需有燴汁，不得嚴重濃稠出油，規定材料不得短少

（2）酸菜炒肉絲

烹調規定	1. 肉絲需調味上漿、汆燙或過油皆可 2. 以蒜末、蔥段爆香，加入肉絲、酸菜絲及配料完成烹調
烹調法	炒、爆炒
調味規定	以鹽、酒、糖、味精、胡椒粉、香油、太白粉水等調味料自選合宜使用
備註	酸菜需稍去酸鹹味，不得嚴重出油，規定材料不得短少

（3）三絲淋蛋餃

烹調規定	1. 豬絞肉加蝦米、蔥末、薑末調味拌合成餡，做蛋餃 6 個（含）以上 2. 三絲加蔥絲入汁成稍稀的琉璃芡，淋於蛋餃上
烹調法	淋溜
調味規定	以鹽、酒、糖、味精、胡椒粉、香油、太白粉水等調味料自選合宜使用
備註	蛋餃需呈荷包狀即半圓狀，需有適當的餡量，規定材料不得短少

第一階段：清洗、切配、工作區域清理

☑ 清潔
瓷碗盤 → 配料碗盤盆 → 鍋具 → 烹調用具（菜鏟、炒杓、大漏杓、調味匙、筷子）→ 刀具（即菜刀，其他刀具使用前消毒即可）→ 砧板 → 抹布 → 洗畢歸位

☑ 消毒
刀具、砧板、抹布（例如熱水沸煮、化學法，本題庫選用酒精消毒）

洗滌順序為： 乾貨 → 素-加工食品類 → 葷-加工食品類 → 蔬果類 → 肉類（順序為：牛羊豬雞鴨）→ 蛋類 → 水產類		切割順序為：（※ 參考指定水花、盤飾，優先將兩者切出） 乾貨 → 素-加工食品類 → 葷-加工食品類 → 蔬果類 → 肉類（順序為：牛羊豬雞鴨）→ 蛋類 → 水產類	
乾貨	乾木耳泡水；蝦米洗淨	乾貨	木耳切絲；蝦米剁細
加工食品（素）	酸菜心泡水；桶筍泡水	加工食品（素）	酸菜心切絲；桶筍切絲
加工食品（葷）	無	加工食品（葷）	無
蔬果類	紅蘿蔔去皮；紅辣椒去頭尾；青椒去蒂洗淨；蔥去蒂頭尾葉；洋蔥去頭尾剝皮；薑去皮；蒜頭去膜；洗淨小黃瓜、大黃瓜	蔬果類	紅蘿蔔切水花片、切絲；紅辣椒切絲；青椒切菱形片；蔥切斜段、切絲、切末，分出蔥白、蔥綠；洋蔥切菱形片；薑切絲、切末；蒜頭切末
肉類	洗淨豬絞肉；洗淨大里肌肉；洗淨雞胸肉去皮骨	肉類	大里肌肉去筋膜，切絲；雞胸肉切厚片狀。
蛋類	洗淨雞蛋	蛋類	雞蛋採三段式打蛋法備用
水產類	無	水產類	無

水花及盤飾參考 ▸ 依指定圖完成，可受公評並獲得普遍認同之美感。

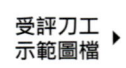

指定水花（擇一）

指定盤飾（擇二）

▼ 大黃瓜、紅辣椒　　▼ 大黃瓜　　▼ 大黃瓜、紅辣椒

盤飾 	☑ 受評刀工 	非受評刀工 

❶ 燴咖哩雞片　燴

作法：

1. 雞胸肉片調味上漿，備用；芡水備妥。
2. 準備一鍋滾水，汆燙紅蘿蔔水花片，撈起瀝乾；準備一鍋滾水，關火放入雞胸肉片快速拌開，開火，燙熟後撈起瀝乾。（圖1）
3. 熱鍋加入2大匙沙拉油，爆香洋蔥，加入調味料A煮滾。（圖2）
4. 加入雞胸肉片、紅蘿蔔水花片煮勻，加入椰漿拌勻，加入青椒拌勻，以適量太白粉水勾薄芡。（圖3）
5. 起鍋前加入香油，盛盤需有燴汁，不得嚴重濃稠出油。（圖4）

材料：

洋蔥1/4個（約60g）、青椒1/2個、紅蘿蔔3/4條、雞胸肉1/2付（約180g以上）

調味料：

A：鹽1小匙、糖1小匙、咖哩粉1大匙、水150cc、米酒1小匙

B：椰漿3大匙、香油1大匙

▶ 上漿：鹽1/4小匙、米酒1大匙、太白粉1小匙

▶ 芡水：太白粉1大匙、水1大匙

圖1　　圖2　　圖3　　圖4

301

11

第二階段 70分鐘

❷ 酸菜炒肉絲　炒、爆炒

作法：

1. 大里肌肉絲調味上漿；芡水備妥。
2. 準備一鍋滾水，汆燙酸菜絲（去除鹹味）備用。（圖1）
3. 準備一鍋滾水，關火放入大里肌肉絲快速拌開，開火，燙熟後撈起瀝乾。（圖2）
4. 熱鍋加入1小匙沙拉油，爆香蒜末、蔥白段、薑絲，加入酸菜絲、紅辣椒絲炒勻。（圖3）
5. 加入大里肌肉絲拌炒，加入調味料（除了香油）炒勻，以適量太白粉水勾薄芡，起鍋前加入香油、蔥綠段拌炒均勻即可。（圖4）

材料：

酸菜180g、蒜頭10g、蔥40g、薑20g、紅辣椒1條、大里肌肉160g

調味料：

糖1小匙、香油1小匙、水60cc、鹽1/2小匙、白胡椒粉1/4小匙、米酒1小匙

▶ 上漿：鹽1/8小匙、米酒1大匙、太白粉1大匙

▶ 芡水：太白粉1大匙、水1大匙

圖1 　　圖2 　　圖3 　　圖4

❸ 三絲淋蛋餃 淋溜

作法：

1. 豬絞肉、蝦米末、10g 蔥末、薑末拌勻，與醃料拌勻成餡料。（圖1）
2. 雞蛋採三段式打蛋法處理，加入太白粉水拌勻，打散過濾備用；芡水備妥。
3. 熱鍋用紙巾抹上薄薄一層沙拉油，加入 1 大匙蛋液，煎成一張直徑約 10～12 公分的蛋皮，成形以小火煎邊緣，煎至蛋皮單面上色。（圖2）
4. 桌子鋪上保鮮膜，放入步驟 1 餡料，摺半圓擺盤，入蒸鍋中小火蒸 5 分鐘，確保熟透。（圖3）
5. 準備一鍋滾水，汆燙桶筍絲（去除鹹味），撈起瀝乾。
6. 準備一鍋滾水，汆燙木耳絲、紅蘿蔔絲，撈起瀝乾。
7. 熱鍋加入 1 大匙沙拉油，爆香薑絲、加入調味料（除了香油）、絲料，以適量芡水勾薄芡，起鍋前加入 10g 蔥綠絲、香油煮勻，淋上蛋餃即可。（圖4）

材料：

乾木耳 1 片、蝦米 5 隻、桶筍 1/2 支、紅蘿蔔 1/4 條、蔥 20g、薑 20g、雞蛋 4 顆、豬絞肉 80g

調味料：

鹽 1/2 小匙、水 100cc、糖 1/2 小匙、香油 1 小匙

▸ 醃料：鹽 1/4 小匙、白胡椒粉 1/8 小匙、香油 1/8 小匙、水 1 大匙
▸ 太白粉水：太白粉 1 小匙、水 1 小匙
▸ 芡水：太白粉 1 大匙、水 1 大匙

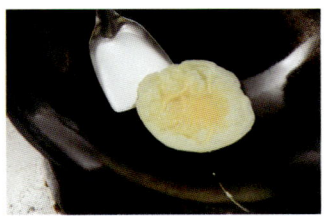

圖1　　圖2　　圖3　　圖4

301 / 11

第二階段　70 分鐘

301-12

❶ 雞肉麻油飯　❷ 玉米炒肉末　❸ 紅燒茄段

▶ 菜名與食材切配依據

菜餚名稱	主要刀工	烹調法	主材料類別	材料組合	水花款式	盤飾款式
雞肉麻油飯	塊	生米燜煮	仿雞腿	米酒、胡麻油、長糯米、乾香菇、老薑、仿雞腿		參考規格明細
玉米炒肉末	末、粒	炒	玉米	玉米粒、五香大豆干、青椒、紅蘿蔔、蒜頭、豬絞肉		
紅燒茄段	段、片	紅燒	茄子	茄子、紅蘿蔔、蔥、老薑、蒜頭、大里肌肉	參考規格明細	

▶ 材料清點卡 - 材料明細

材料	規格描述	重量(數量)	備註
長糯米	米粒完整無霉味	220g	236ml 量杯 1 杯
乾香菇	直徑 4 公分以上	4 朵	可於洗鍋具時優先煮水浸泡於乾貨類切割
玉米粒	合格廠商效期內	150g	罐頭
五香大豆干	完整塊狀鮮度足無酸味	1/2 塊	厚度 2.0 公分以上
老薑	無潰爛無長芽	100g	麻油飯的老薑切厚片不去皮
青椒	表面平整不皺縮不潰爛	1/3 個	120g 以上 / 個
紅蘿蔔	表面平整不皺縮不潰爛	1 條	300g 以上 / 條，若為空心須再補發
蔥	新鮮飽滿	50g	
蒜頭	飽滿無發芽無潰爛	20g	
茄子	飽滿無潰爛鮮度足	2 條	180g 以上 / 每條
紅辣椒	表面平整不皺縮不潰爛	1 條	10g 以上 / 條
小黃瓜	不可大彎曲鮮度足	1 條	80g 以上 / 條
大黃瓜	表面平整不皺縮不潰爛	1 截	6 公分長 / 截
豬絞肉	鮮度足無異味	80g	
大里肌肉	完整塊狀鮮度足可供橫紋切片	100g	
仿雞腿	L 腿鮮度足	1 支	300g 以上 / 支

▶ 刀工作品規格卡 - 規格明細

第一階段繳交刀工作品規格（係取自菜名與食材切配依據表所示之成品，只需取出規格明細表所示之種類數量，每一種類的數量皆至少有 3/4 量符合其規定尺寸，其餘作品留待烹調時適量取用）。受評分刀工作品以配菜盤分類盛裝受評，另加兩種盤飾以 2 只瓷盤盛裝擺設。

刀工作品規格卡

材料	規格描述（長度單位：公分）	數量	備註
紅蘿蔔水花片兩款	自選 1 款及指定 1 款，指定款須參考下列指定圖（形狀大小需可搭配菜餚）厚薄度（0.3 ~ 0.4 公分）	各 6 片以上	
配合材料擺出兩種盤飾	下頁指定圖 3 選 2	各 1 盤	
乾香菇片	復水去蒂，斜切，寬 2.0 ~ 4.0、長度及高（厚）依食材規格	4 朵切完	
五香大豆干粒	長、寬、高（厚）各 0.4 ~ 0.8	1/2 塊切完	
青椒粒	長、寬各 0.4 ~ 0.8，高（厚）依食材規格	1/3 個切完	
紅蘿蔔粒	長、寬、高（厚）各 0.4 ~ 0.8	20g 以上	
蔥段	長 3.0 ~ 5.0 直段或斜段	20g 以上	
薑片	長 2.0 ~ 3.0，寬 1.0 ~ 2.0，高（厚）0.2 ~ .04，可切菱形片	10g 以上	紅燒茄段用
蒜末	直徑 0.3 以下碎末	10g 以上	
里肌肉片	長 4.0 ~ 6.0，寬 2.0 ~ 4.0，高（厚）0.4 ~ 0.6	切完	去筋膜
仿雞腿塊	邊長 2.0 ~ 4.0 的不規則塊狀，須帶骨	全部剁完	

烹調指引卡

第二階段烹調說明：請依題意及菜名與食材切配依據表需求自刀工切配作品中適量取用，加入之食材種類不得短少，否則依不符題意處理（即該道菜判定為 60 分以下），水花則依配色或烹調量需求，需有兩款但各款數量不一定要全加。

（1）雞肉麻油飯

烹調規定	麻油炒老薑片（不去皮），炒料、生米水燜煮熟
烹調法	生米燜煮
調味規定	以麻油、醬油、鹽、酒、糖、味精、胡椒粉等調味料自選合宜使用
備註	1. 規定材料不得短少 2. 米粒熟透，不得糊爛 3. 若監評檢視過程，燜煮法焦化之鍋粑不得超過飯量之 1/5

（2）玉米炒肉末

烹調規定	1. 肉末下鍋炒熟 2. 以蒜末爆香，所有材料以炒的烹調法完成
烹調法	炒
調味規定	以鹽、酒、糖、味精、胡椒粉、香油、太白粉水等調味料自選合宜使用
備註	不得嚴重出油，規定材料不得短少

（3）紅燒茄段

烹調規定	1. 茄段炸過以保紫色而軟 2. 肉片需調味上漿，汆燙或過油皆可 3. 以蒜片、薑片、蔥段炒香，加配料及水花烹調，以淡芡收汁即可
烹調法	紅燒
調味規定	以醬油、鹽、酒、糖、味精、胡椒粉、香油、太白粉水等調味料自選合宜使用
備註	1. 茄段可視材料規格分為二等分或四等分 2. 茄子需軟化而呈（淡）紫色，需有適量燒汁不得嚴重出油，規定材料不得短少

301-12

第一階段：清洗、切配、工作區域清理

☑ 清潔

瓷碗盤 → 配料碗盤盆 → 鍋具 → 烹調用具（菜鏟、炒杓、大漏杓、調味匙、筷子）→ 刀具（即菜刀，其他刀具使用前消毒即可）→ 砧板 → 抹布 → 洗畢歸位

☑ 消毒

刀具、砧板、抹布（例如熱水沸煮、化學法，本題庫選用酒精消毒）

洗滌順序為：		切割順序為：（※ 參考指定水花、盤飾，優先將兩者切出）	
乾貨 → 素-加工食品類 → 葷-加工食品類 → 蔬果類 → 肉類（順序為：牛羊豬雞鴨）→ 蛋類 → 水產類		乾貨 → 素-加工食品類 → 葷-加工食品類 → 蔬果類 → 肉類（順序為：牛羊豬雞鴨）→ 蛋類 → 水產類	
乾貨	長糯米洗淨；乾香菇泡水	乾貨	長糯米泡水；香菇切片
加工食品（素）	玉米粒洗淨；五香大豆干洗淨	加工食品（素）	五香大豆干切粒
加工食品（葷）	無	加工食品（葷）	無
蔬果類	紅蘿蔔去皮；青椒去蒂洗淨；茄子去頭尾；老薑洗淨；蔥去蒂頭尾葉；蒜頭去膜；洗淨小黃瓜、大黃瓜；紅辣椒去頭尾	蔬果類	紅蘿蔔切水花片、切粒；青椒切粒；茄子切長段；老薑切片；蔥切斜段，分出蔥白、蔥綠；蒜頭切片、切末
肉類	洗淨豬絞肉；大里肌肉洗淨；雞腿洗淨	肉類	大里肌肉去筋膜，切厚片狀；雞腿帶皮帶骨剁成塊
蛋類	無	蛋類	無
水產類	無	水產類	無

水花及盤飾參考 ▶ 依指定圖完成，可受公評並獲得普遍認同之美感。

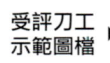

指定水花（擇一）

指定盤飾（擇二）

▼ 大黃瓜、小黃瓜、紅辣椒    ▼ 大黃瓜、紅辣椒    ▼ 小黃瓜

| 盤飾 | ☑ 受評刀工 | 非受評刀工 |

❶ 雞肉麻油飯　　生米燜煮

301 / 12

第二階段　70分鐘

作法：

1. 準備一鍋滾水，放入長糯米中火煮約 2 分鐘，燙至表皮略漲透明，撈起瀝乾。（圖 1）
2. 鍋子加入胡麻油，爆香老薑、香菇片，加入雞塊炒至上色，加入調味料 B 拌炒均勻。（圖 2）
3. 放入長糯米，分三次加入 200cc 水，每次都要炒到水近乎燒乾，再加入水。（圖 3）
4. 加入 100cc 水，蓋上鍋蓋，微火燜煮至米心熟透即可。（圖 4）

材料：

長糯米 220g、乾香菇 4 朵、老薑 50g、仿雞腿 1 支（約 300g）

調味料：

A：胡麻油 3 大匙

B：米酒 2 大匙、鹽 1 小匙

C：水 300cc

圖 1　　圖 2　　圖 3　　圖 4

❷ 玉米炒肉末　炒

作法：

1. 準備一鍋滾水，汆燙紅蘿蔔粒1分鐘，加入豆干粒燙1分鐘，加入玉米粒燙熟撈起瀝乾。（圖1）
2. 熱鍋加入1大匙沙拉油，爆香蒜末，炒熟豬絞肉，放入玉米粒、五香大豆干粒、紅蘿蔔、青椒炒勻。（圖2～3）
3. 加入調味料（除了香油）拌炒均勻，起鍋前加入香油炒勻。（圖4）

材料：

玉米粒150g、五香大豆干1/2塊、青椒1/3個（約120g）、紅蘿蔔1/4條、蒜頭10g、豬絞肉80g

調味料：

鹽1/2小匙、糖1/2小匙、香油1小匙、水60cc、白胡椒粉1/4小匙、米酒1小匙

圖1 　　圖2 　　圖3 　　圖4

③ 紅燒茄段　🍲 紅燒

301 / 12

第二階段　70分鐘

作法：

1. 準備一鍋滾水，汆燙紅蘿蔔水花片，撈起瀝乾；芡水備妥。
2. 大里肌肉片調味上漿；準備一鍋滾水，關火放入大里肌肉片快速拌開，開火，燙熟後撈起瀝乾。（圖1）
3. 起油鍋至油溫約180°C，放入茄段，將茄段炸軟撈起瀝油。（圖2）
4. 熱鍋加入1大匙沙拉油，爆香蒜片、薑片、蔥白段，加入紅蘿蔔水花片、茄段、大里肌肉片、調味料紅燒，以適量太白粉水勾淡芡收汁，起鍋前加入蔥綠段、香油煮勻。（圖3～4）

材料：

茄子2條（約360g）、紅蘿蔔3/4條、蔥1支、蒜頭10g、老薑50g、大里肌肉100g

調味料：

醬油2大匙、糖1小匙、水100cc、米酒1大匙、白胡椒粉1/2小匙、香油1小匙

▶ 上漿：鹽1小匙、米酒1大匙、太白粉1小匙

▶ 芡水：太白粉1大匙、水1大匙

圖1　圖2　圖3　圖4

302 總表

302-1	❶ 西芹炒雞片 P.155	❷ 三絲淋蒸蛋 P.156	❸ 紅燒杏菇塊 P.157
302-2	❶ 糖醋排骨 P.161	❷ 三色炒雞片 P.162	❸ 麻辣豆腐丁 P.163
302-3	❶ 三色炒雞絲 P.167	❷ 火腿冬瓜夾 P.168	❸ 鹹蛋黃炒杏菇條 P.169
302-4	❶ 鹹酥雞 P.173	❷ 家常煎豆腐 P.174	❸ 木耳炒三絲 P.175
302-5	❶ 三色雞絲羹 P.179	❷ 炒梳片鮮筍 P.180	❸ 西芹拌豆干絲 P.181
302-6	❶ 三絲魚捲 P.185	❷ 焦溜豆腐塊 P.186	❸ 竹筍炒三絲 P.187

	❶	❷	❸
302-7	薑味麻油肉片 P.191	醬燒煎鮮魚 P.192	竹筍炒肉丁 P.193
302-8	豆薯炒豬肉鬆 P.197	麻辣溜雞丁 P.198	香菇素燴三色 P.199
302-9	鹹蛋黃炒薯條 P.203	燴素什錦 P.204	脆溜荔枝肉 P.205
302-10	滑炒三椒雞柳 P.209	酒釀魚片 P.210	麻辣金銀蛋 P.211
302-11	黑胡椒溜雞片 P.215	蔥燒豆腐 P.216	三椒炒肉絲 P.217
302-12	馬鈴薯燒排骨 P.221	香菇蛋酥燜白菜 P.222	五彩杏菇丁 P.223

302-01

❶ 西芹炒雞片　　❷ 三絲淋蒸蛋　　❸ 紅燒杏菇塊

▶ 菜名與食材切配依據

菜餚名稱	主要刀工	烹調法	主材料類別	材料組合	水花款式	盤飾款式
西芹炒雞片	片	炒、爆炒	雞胸肉	西芹、紅蘿蔔、紅辣椒、蒜頭、薑、雞胸肉	參考規格明細	參考規格明細
三絲淋蒸蛋	絲	蒸、羹	雞蛋	乾香菇、桶筍、蔥、薑、大里肌肉、雞蛋		
紅燒杏菇塊	滾刀塊	紅燒	杏鮑菇	杏鮑菇、紅蘿蔔、蔥、薑、蒜頭		

▶ 材料清點卡 - 材料明細

材料	規格描述	重量（數量）	備註
乾香菇	直徑 4 公分以上	1 朵	可於洗鍋具時優先煮水浸泡於乾貨類切割
桶筍	若為空心或軟爛不足需求量，應檢人可反應更換	1/2 支	去除筍尖的實心淨肉至少 100g，需縱切檢視才分發，烹調時需去酸味
西芹	整把分單支發放	1 單支以上	80g 以上 / 支
紅蘿蔔	表面平整不皺縮不潰爛	1 條	300g 以上 / 條，若為空心須再補發
紅辣椒	表面平整不皺縮不潰爛	1 條	10g 以上 / 條
蒜頭	飽滿無發芽無潰爛	20g	
蔥	新鮮飽滿	80g	
薑	長段無潰爛	80g	需可切絲、片
杏鮑菇	形大結實飽滿	2 支	100g 以上 / 支
小黃瓜	不可大彎曲鮮度足	1 條	80g 以上 / 條
大黃瓜	表面平整不皺縮不潰爛	1 截	6 公分長 / 截
大里肌肉	完整塊狀鮮度足可供橫紋切絲	100g	
雞胸肉	帶骨帶皮，鮮度足	1/2 付	360g 以上 / 付
雞蛋	外形完整鮮度足	4 個	

▶ 刀工作品規格卡 - 規格明細

第一階段繳交刀工作品規格（係取自菜名與食材切配依據表所示之成品，只需取出規格明細表所示之種類數量，每一種類的數量皆至少有 3/4 量符合其規定尺寸，其餘作品留待烹調時適量取用）。受評分刀工作品以配菜盤分類盛裝受評，另加兩種盤飾以 2 只瓷盤盛裝擺設。

材料	規格描述（長度單位：公分）	數量	備註
紅蘿蔔水花片兩款	自選 1 款及指定 1 款，指定款須參考下列指定圖（形狀大小需可搭配菜餚）厚薄度（0.3～0.4 公分）	各 6 片以上	
配合材料擺出兩種盤飾	下頁指定圖 3 選 2	各 1 盤	
桶筍絲	寬、高（厚）各為 0.2～0.4，長 4.0～6.0	40g 以上	
西芹片	長 3.0～5.0，寬 2.0～4.0，高（厚）依食材規格，可切菱形片	整支切完	
紅辣椒片	長 2.0～3.0，寬 1.0～2.0，高（厚）0.2～0.4，可切菱形片	切完	紅辣椒須留部分盤飾用
薑片	長 2.0～3.0，寬 1.0～2.0，高（厚）0.2～0.4，可切菱形片	10g 以上	
蔥絲	寬、高（厚）各為 0.3 以下，長 4.0～6.0	10g 以上	
薑絲	寬、高（厚）各為 0.3 以下，長 4.0～6.0	10g 以上	
杏鮑菇塊	邊長 2.0～4.0 的滾刀塊	切完	
里肌肉絲	寬、高（厚）各為 0.2～0.4，長 4.0～6.0	切完	去筋膜
雞片	長 4.0～6.0，寬 2.0～4.0，高（厚）0.4～0.6	切完	規格不足亦可用

第二階段烹調說明：請依題意及菜名與食材切配依據表需求自刀工切配作品中適量取用，加入之食材種類不得短少，否則依不符題意處理（即該道菜判定為 60 分以下），水花則依配色或烹調量需求，需有兩款但各款數量不一定要全加。

烹調指引卡

（1）西芹炒雞片

烹調規定	1. 雞片需調味上漿，汆燙或過油皆可 2. 以蒜片、薑片、紅辣椒爆香，與西芹、水花炒成菜
烹調法	炒、爆炒
調味規定	以鹽、酒、糖、味精、胡椒粉、香油、太白粉水等調味料自選合宜使用
備註	不得嚴重出油，規定材料不得短少

（2）三絲淋蒸蛋

烹調規定	1. 蒸蛋需水嫩且表面平滑，以水（羹）盤盛裝 2. 肉絲需調味上漿，汆燙或過油皆可 3. 需有適量的蔥絲、薑絲作為香配料的點綴 4. 以琉璃芡淋於蒸蛋上，絲料及芡汁（約六、七分滿）適宜取量
烹調法	蒸、羹
調味規定	以鹽、酒、白醋、糖、味精、胡椒粉、香油、太白粉水等調味料自選合宜使用
備註	1. 四個蛋份量的蒸蛋 2. 僅允許有少許氣孔之嫩蒸蛋，不得為蒸過火的蜂巢狀，或變色之綠色蒸蛋，也不得為火候不足之未凝固作品 3. 規定材料不得短少

（3）紅燒杏菇塊

烹調規定	1. 杏鮑菇塊、紅蘿蔔塊炸至微上色 2. 以蔥段、薑片、蒜片爆香，將材料燒成菜，少許淡芡收汁即可
烹調法	紅燒
調味規定	以醬油、鹽、酒、糖、味精、胡椒粉、香油、太白粉水等調味料自選合宜使用
備註	有適量醬汁，汁不得黏稠結塊，不得浮油而無汁，規定材料不得短少

302-01

第一階段：清洗、切配、工作區域清理

☑ 清潔
瓷碗盤 → 配料碗盤盆 → 鍋具 → 烹調用具（菜鏟、炒杓、大漏杓、調味匙、筷子）→ 刀具（即菜刀，其他刀具使用前消毒即可）→ 砧板 → 抹布 → 洗畢歸位

☑ 消毒
刀具、砧板、抹布（例如熱水沸煮、化學法，本題庫選用酒精消毒）

洗滌順序為：		切割順序為：（※ 參考指定水花、盤飾，優先將兩者切出）	
乾貨 → 素-加工食品類 → 葷-加工食品類 → 蔬果類 → 肉類（順序為：牛羊豬雞鴨）→ 蛋類 → 水產類		乾貨 → 素-加工食品類 → 葷-加工食品類 → 蔬果類 → 肉類（順序為：牛羊豬雞鴨）→ 蛋類 → 水產類	
乾貨	乾香菇泡開去蒂	乾貨	香菇切絲
加工食品（素）	桶筍泡水	加工食品（素）	桶筍切絲
加工食品（葷）	無	加工食品（葷）	無
蔬果類	紅蘿蔔去皮；西芹去皮；紅辣椒去頭尾；杏鮑菇洗淨；蔥去蒂頭尾葉；薑去皮；蒜頭去膜；洗淨小黃瓜、大黃瓜	蔬果類	紅蘿蔔切水花片、切滾刀塊；西芹切菱形片；紅辣椒切菱形片；杏鮑菇切滾刀塊；蔥切絲、蔥切斜段；薑切絲、切菱形片；蒜頭切片
肉類	洗淨大里肌肉；洗淨雞胸肉去皮骨	肉類	大里肌肉去筋膜切絲狀；雞胸肉切厚片狀
蛋類	洗淨雞蛋	蛋類	雞蛋採三段式打蛋法備用
水產類	無	水產類	無

水花及盤飾參考 ▶ 依指定圖完成，可受公評並獲得普遍認同之美感。

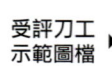

指定水花（擇一）

指定盤飾（擇一）

▼ 大黃瓜、小黃瓜、紅辣椒
▼ 大黃瓜、紅辣椒
▼ 小黃瓜

盤飾 	☑ 受評刀工 	非受評刀工 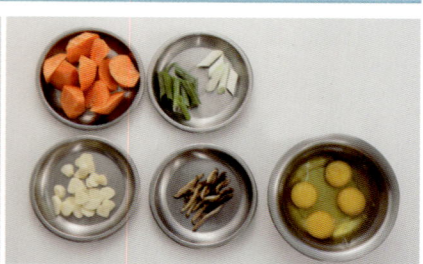

154

302 / 01

第二階段 70分鐘

❶ 西芹炒雞片　炒、爆炒

作法：

1. 雞胸肉片調味上漿；芡水備妥。（圖 1）
2. 準備一鍋滾水，汆燙西芹、紅蘿蔔水花片，撈起瀝乾；準備一鍋滾水，關火放入雞胸肉片快速拌開，開火，燙熟後撈起瀝乾。
3. 熱鍋加入 1 大匙沙拉油，爆香蒜片、薑片、紅辣椒片，加入西芹、雞胸肉片、紅蘿蔔水花片拌炒均勻。（圖 2～3）
4. 加入調味料（除了香油）翻炒均勻，以適量太白水勾薄芡，起鍋前淋上香油即可。（圖 4）

材料：

西芹 1 支、紅蘿蔔 1/2 條（約 125g）、紅辣椒 1 條、蒜頭 10g、薑 30g、雞胸肉 1/2 付（約 180g 以上）

調味料：

鹽 1/4 小匙、糖 1 小匙、胡椒粉 1/4 小匙、水 2 大匙、香油 1 小匙

▶ 上漿：鹽 1/4 小匙、米酒 1 小匙、太白粉 1.5 小匙、胡椒粉 1 小匙
▶ 芡水：太白粉 2 大匙、水 2 大匙

圖 1　　圖 2　　圖 3　　圖 4

155

302 01

第二階段　70分鐘

❷ 三絲淋蒸蛋　蒸、羹

作法：

1. 大里肌肉絲調味上漿；準備一鍋滾水，汆燙桶筍絲（去除酸味），撈起瀝乾。
2. 準備一鍋滾水，關火放入大里肌肉絲快速拌開，開火，燙熟後撈起瀝乾；芡水備妥；另起一鍋滾水，汆燙桶筍絲（去除酸味）。（圖1）
3. 雞蛋採三段式打蛋法處理，打散備用（注意雞蛋在杯子內比例為多少）。（圖2）
4. 蒸鍋起滾水；依蒸蛋比例，加入1.5倍水以湯匙混勻，加入鹽、米酒調味混勻（調味料A），放入水盤（羹盤）中，鋪上保鮮膜入蒸籠，夾一支筷子，以中小火蒸10～12分鐘取出備用。（圖3）

Point：蒸蛋配方中，雞蛋4個、鹽1/8小匙、米酒1小匙、水1.5杯（比例為蛋：水／1：1.5）

5. 熱鍋加入1大匙沙拉油，爆香薑絲、香菇絲，加入大里肌肉絲、桶筍絲、調味料B（除了香油）煮滾，以適量太白粉水勾琉璃芡，起鍋前加入蔥絲、香油煮勻，淋上蒸蛋。（圖4）

材料：

乾香菇1朵、桶筍1/2支（約100g）、蔥20g、薑25g、大里肌肉100g、雞蛋4個

調味料：

A：水1.5杯、鹽1/8小匙、米酒1小匙

B：鹽1小匙、水150cc、糖1小匙、米酒1小匙、香油1小匙

▸ 上漿：鹽1/8小匙、米酒1小匙、太白粉1/4小匙

▸ 芡水：太白粉2大匙、水2大匙

圖1 　　圖2 　　圖3 　　圖4

❸ 紅燒杏菇塊　🍲 紅燒

作法：

1. 起油鍋至油溫約 180°C，將杏鮑菇、紅蘿蔔炸至熟成上色，撈起瀝乾。（圖1）
2. 熱鍋加入 1 大匙沙拉油，爆香蔥白段、薑片、蒜片；芡水備妥。（圖2）
3. 放入杏鮑菇、紅蘿蔔翻炒均勻，加入調味料（除了香油）紅燒至入味。（圖3）
4. 以適量太白粉水勾淡芡收汁，起鍋前加入香油、蔥綠段煮勻。（圖4）

材料：

杏鮑菇 2 支（約 200g 以上）、紅蘿蔔 1/2 條（約 125g）、蔥 60g、薑 25g、蒜頭 10g

調味料：

醬油 2 小匙、糖 1 小匙、水 200cc、香油 1 小匙、胡椒粉 1/4 小匙、米酒 1 小匙
▶ 芡水：太白粉 1 大匙、水 1 大匙

| 圖1 | 圖2 | 圖3 | 圖4 |

302 / 02

❶ 糖醋排骨　　❷ 三色炒雞片　　❸ 麻辣豆腐丁

▶ 菜名與食材切配依據

菜餚名稱	主要刀工	烹調法	主材料類別	材料組合	水花款式	盤飾款式
糖醋排骨	塊、片	溜	小排骨	罐頭鳳梨、洋蔥、青椒、小排骨	參考規格明細	參考規格明細
三色炒雞片	片	炒、爆炒	雞胸肉	乾香菇、桶筍、小黃瓜、紅蘿蔔、薑、蒜頭、雞胸肉		
麻辣豆腐丁	丁、末	燒	板豆腐	板豆腐、蔥、紅辣椒、薑、蒜頭、豬絞肉、辣豆瓣醬		

▶ 材料清點卡 - 材料明細

材料	規格描述	重量（數量）	備註
乾香菇	直徑 4 公分以上	2 朵	可於洗鍋具時優先煮水浸泡於乾貨類切割
罐頭鳳梨	效期內	1 圓片	
桶筍	若為空心或軟爛不足需求量，應檢人可反應更換	1/2 支	去除筍尖的實心淨肉至少 100g，需縱切檢視才分發，烹調時需去酸味
板豆腐	老豆腐，不得有酸味	400g 以上	注意保存
洋蔥	飽滿無潰爛無黑心	1/4 個	250g 以上 / 個
青椒	表面平整不皺縮不潰爛	1/2 個	120g 以上 / 個
紅辣椒	表面平整不皺縮不潰爛	1 條	10g 以上 / 條
蒜頭	飽滿無發芽無潰爛	20g	
小黃瓜	不可大彎曲鮮度足	2 條	80g 以上 / 條
大黃瓜	表面平整不皺縮不潰爛	1 截	6 公分長 / 截
紅蘿蔔	表面平整不皺縮不潰爛	1 條	300g 以上 / 條，若為空心須再補發
蔥	青翠新鮮	50g	
薑	無潰爛	50g	需可切片、末
小排骨	需為多肉的小排骨，不得有異味	300g	未剁塊，不可使用龍骨排
豬絞肉	鮮度足無異味	50g	
雞胸肉	帶骨帶皮，鮮度足	1/2 付	360g 以上 / 付

▶ 刀工作品規格卡 - 規格明細

刀工 第一階段繳交刀工作品規格（係取自菜名與食材切配依據表所示之成品，只需取出規格明細表所示之種類數量，每一種類的數量皆至少有 3/4 量符合其規定尺寸，其餘作品留待烹調時適量取用）。受評分刀工作品以配菜盤分類盛裝受評，另加兩種盤飾以 2 只瓷盤盛裝擺設。

材料	規格描述（長度單位：公分）	數量	備註
紅蘿蔔水花片兩款	自選 1 款及指定 1 款，指定款須參考下列指定圖（形狀大小需可搭配菜餚）厚薄度（0.3～0.4 公分）	各 6 片以上	
配合材料擺出兩種盤飾	下頁指定圖 3 選 2	各 1 盤	
筍片	長 4.0～6.0，寬 2.0～4.0，高（厚）0.2～0.4，可切菱形片	10 片以上	
豆腐丁	長、寬、高（厚）各 0.8～1.2	切完	
青椒片	長 3.0～5.0，寬 2.0～4.0，高（厚）依食材規格，可切菱形片	切完	
洋蔥片	長 3.0～5.0，寬 2.0～4.0，高（厚）依食材規格，可切菱形片	20g 以上	
小黃瓜片	長 4.0～6.0，寬 2.0～4.0，高（厚）0.2～0.4，可切菱形片	1 條切完	
蔥花	長、寬、高（厚）各為 0.2～0.4	20g 以上	
蒜末	直徑 0.3 以下碎末	10g 以上	
小排骨塊	邊長 2.0～4.0 的不規則塊狀，須帶骨	剁完	
雞片	長 4.0～6.0，寬 2.0～4.0，高（厚）0.4～0.6	切完	規格不足亦可用

第二階段烹調說明：請依題意及菜名與食材切配依據表需求自刀工切配作品中適量取用，加入之食材種類不得短少，否則依不符題意處理（即該道菜判定為 60 分以下），水花則依配色或烹調量需求，需有兩款但各款數量不一定要全加。

（1）糖醋排骨

烹調規定	1. 排骨調味上漿，炸酥熟上色 2. 以洋蔥片爆香，青椒、鳳梨及排骨溜炒
烹調法	溜
調味規定	以鹽、醬油、番茄醬、酒、糖、味精、白醋、烏醋、香油、太白粉水等調味料自選合宜使用
備註	炸熟後的排骨需有粉質外衣，盤底無多餘醬汁或不得有多量醬汁，不得濃縮出油，規定材料不得短少

（2）三色炒雞片

烹調規定	1. 肉片需調味上漿，汆燙或過油皆可 2. 以薑片、蒜片爆香，與乾香菇、桶筍、小黃瓜、水花入料成菜
烹調法	炒、爆炒
調味規定	以鹽、酒、糖、味精、胡椒粉、香油、太白粉水等調味料自選合宜使用
備註	不得嚴重出油，規定材料不得短少

（3）麻辣豆腐丁

烹調規定	1. 以花椒粒、蔥末、薑末、蒜末、辣椒末與豬絞肉爆香 2. 加入豆腐丁及水燒入味，將材料燒成菜，少許淡芡收汁即可
烹調法	燒
調味規定	以辣豆瓣醬、醬油、酒、白醋、糖、味精、香油、花椒粉、太白粉水等調味料自選合宜使用，取用花椒粒作為香料
備註	不得嚴重濃縮出油、豆腐丁破碎不得超過 1/4，規定材料不得短少

302-02

第一階段：清洗、切配、工作區域清理

☑ 清潔

瓷碗盤 → 配料碗盤盆 → 鍋具 → 烹調用具（菜鏟、炒杓、大漏杓、調味匙、筷子）→ 刀具（即菜刀，其他刀具使用前消毒即可）→ 砧板 → 抹布 → 洗畢歸位

☑ 消毒

刀具、砧板、抹布（例如熱水沸煮、化學法，本題庫選用酒精消毒）

洗滌順序為：		切割順序為：（※ 參考指定水花、盤飾，優先將兩者切出）	
乾貨 → 素-加工食品類 → 葷-加工食品類 → 蔬果類 → 肉類（順序為：牛羊豬雞鴨）→ 蛋類 → 水產類		乾貨 → 素-加工食品類 → 葷-加工食品類 → 蔬果類 → 肉類（順序為：牛羊豬雞鴨）→ 蛋類 → 水產類	
乾貨	乾香菇泡開去蒂	乾貨	香菇切片
加工食品（素）	洗淨鳳梨；洗淨板豆腐；桶筍泡水	加工食品（素）	鳳梨切1/8片備用；板豆腐切丁；桶筍切菱形片
加工食品（葷）	無	加工食品（葷）	無
蔬果類	青椒去蒂洗淨；紅蘿蔔去皮；洗淨小黃瓜、大黃瓜；紅辣椒去頭尾；蔥去蒂頭尾葉；薑去皮；蒜頭去膜；洋蔥去頭尾剝皮	蔬果類	青椒切菱形片；紅蘿蔔切水花片；小黃瓜切菱形片；紅辣椒切末；蔥切蔥花；薑切菱形片、切末；蒜頭切薄片、切末；洋蔥切菱形片
肉類	洗淨排骨；洗淨雞胸肉去皮骨	肉類	排骨剁小塊；雞胸肉切片
蛋類	無	蛋類	無
水產類	無	水產類	無

水花及盤飾參考 ▶ 依指定圖完成，可受公評並獲得普遍認同之美感。

受評刀工示範圖檔 ▶

指定水花（擇一）

指定盤飾（擇一）

▼ 小黃瓜、紅辣椒　　▼ 大黃瓜、小黃瓜、紅辣椒　　▼ 大黃瓜

盤飾 	☑ 受評刀工 	非受評刀工 

302 / 02

第二階段 70分鐘

❶ 糖醋排骨　溜

作法：

1. 小排骨調味上漿，沾上麵粉備用；芡水備妥。（圖1）
2. 起油鍋至油溫約180℃，將小排骨炸至金黃熟透，撈起瀝乾。（圖2）
3. 熱鍋加入1大匙沙拉油，爆香洋蔥片。
4. 加入調味料煮勻，加入太白粉水勾芡煮勻，加入排骨、青椒、鳳梨片煮勻，注意盤底無多餘醬汁，或不得有多量醬汁。（圖3～4）

材料：

罐頭鳳梨片1片、青椒1/2個、洋蔥1/4個、小排骨300g

調味料：

水150cc、番茄醬4大匙、糖2大匙、鹽1/2小匙、醋2大匙、香油1小匙

▸ 上漿：鹽1/4小匙、米酒1小匙、太白粉3小匙

▸ 沾粉：麵粉2大匙

▸ 芡水：太白粉1大匙、水1大匙

圖1　　圖2　　圖3　　圖4

302-02

第二階段 70分鐘

❷ 三色炒雞片　炒、爆炒

作法：

1. 雞胸肉片調味上漿；芡水備妥。
2. 準備一鍋滾水，汆燙桶筍片（去除酸味），撈起瀝乾。
3. 準備一鍋滾水，汆燙紅蘿蔔水花片、小黃瓜，撈起瀝乾；汆燙雞胸肉片，燙熟撈起瀝乾。（圖1）
4. 熱鍋加入1大匙沙拉油，爆香薑片、蒜片、香菇片。
5. 放入其他材料（除了小黃瓜）炒勻，加入小黃瓜、調味料拌炒均勻，以適量太白粉水勾芡。（圖2～4）

材料：

乾香菇2朵、桶筍1/2支（約100g）、小黃瓜1條、紅蘿蔔1條、薑40g、蒜頭10g、雞胸肉1/2付（約180g）

調味料：

鹽1小匙、香油1小匙、水50cc、胡椒粉1/4小匙

▶ 上漿：鹽1/2小匙、米酒1大匙、太白粉1小匙

▶ 芡水：太白粉1大匙、水1大匙

圖1 　　圖2 　　圖3 　　圖4

302 / 02

第二階段　70分鐘

❸ 麻辣豆腐丁　燒

作法：

1. 準備一鍋滾水，汆燙板豆腐，略燙後撈起瀝乾，注意不可破壞板豆腐形狀；芡水備妥。
2. 熱鍋加入 2 大匙沙拉油，爆香花椒粒、蔥白花、薑末、蒜末、紅辣椒末，加入豬絞肉、辣豆瓣醬炒香。（圖 1～2）
3. 加入其餘的調味料（除了白醋）煮勻，加入板豆腐燒煮入味，加入白醋，以適量太白粉水勾淡芡，起鍋前加入蔥綠花、香油拌勻即可。（圖 3～4）

材料：

板豆腐 400g、蔥 30g、薑 10g、蒜頭 10g、紅辣椒 1 條、豬絞肉 50g

調味料：

花椒粒 25 粒、辣豆瓣醬 2 大匙、白醋 1 大匙、醬油 1 小匙、糖 1 小匙、水 150cc、香油 1/2 小匙、米酒 1 大匙

▶ 芡水：太白粉 1 大匙、水 1 大匙

圖 1　　圖 2　　圖 3　　圖 4

302-03

❶ 三色炒雞絲　　❷ 火腿冬瓜夾　❸ 鹹蛋黃炒杏菇條

▶ 菜名與食材切配依據

菜餚名稱	主要刀工	烹調法	主材料類別	材料組合	水花款式	盤飾款式
三色炒雞絲	絲	炒、爆炒	雞胸肉	乾木耳、青椒、紅蘿蔔、紅辣椒、薑、蒜頭、雞胸肉	參考規格明細	參考規格明細
火腿冬瓜夾	雙飛片	蒸	冬瓜	家鄉肉、冬瓜、紅蘿蔔、薑		
鹹蛋黃炒杏菇條	條	炸、拌炒	杏鮑菇	鹹蛋黃、杏鮑菇、蔥、蒜頭		

▶ 材料清點卡 - 材料明細

材料	規格描述	重量（數量）	備註
乾木耳	大片無長黴，漲發後可供切5公分以上的絲	2大片	5g/大片，可於洗鍋具時優先煮水浸泡於乾貨類切割
家鄉肉	整塊未分切，取一截（長寬各5公分高2公分以上）效期內不得異味	1塊	
鹹蛋黃	效期內不得異味	2個	洗好蒸籠後上蒸
青椒	表面平整不皺縮不潰爛	1/2個	120g以上/個
紅蘿蔔	表面平整不皺縮不潰爛	1條	300g以上/條，若為空心須再補發
紅辣椒	表面平整不皺縮不潰爛	1條	10g以上/條
蔥	青翠新鮮	50g	
薑	長段無潰爛	120g	不宜細條，需可供切絲、水花片
冬瓜	不可用頭尾，新鮮無潰爛	600g	寬6公分以上，長12公分以上
小黃瓜	不可大彎曲鮮度足	1條	80g以上/條
大黃瓜	表面平整不皺縮不潰爛	1截	6公分長/截
杏鮑菇	形大結實飽滿	2支以上	100g以上/支
蒜頭	飽滿無發芽無潰爛	20g	
雞胸肉	帶骨帶皮，鮮度足	1/2付	360g以上/付

▶ 刀工作品規格卡 - 規格明細

第一階段繳交刀工作品規格（係取自菜名與食材切配依據表所示之成品，只需取出規格明細表所示之種類數量，每一種類的數量皆至少有3/4量符合其規定尺寸，其餘作品留待烹調時適量取用）。受評分刀工作品以配菜盤分類盛裝受評，另加兩種盤飾以2只瓷盤盛裝擺設。

材料	規格描述（長度單位：公分）	數量	備註
紅蘿蔔水花片	指定 1 款，指定款須參考下列指定圖（形狀大小需可搭配菜餚）厚薄度（0.3～0.4公分）	6 片以上	
薑水花片	自選 1 款厚薄度（0.3～0.4公分）	6 片以上	
配合材料擺出兩種盤飾	下頁指定圖 3 選 2	各 1 盤	
木耳絲	寬 0.2～0.4，長 4.0～6.0，高（厚）依食材規格	15g 以上	
家鄉肉片	長 4.0～6.0，寬 2.0～4.0，高（厚）0.2～0.4	6 片以上	須去皮
青椒絲	寬、高（厚）各為 0.2～0.4，長 4.0～6.0	切完	
紅蘿蔔絲	寬、高（厚）各為 0.2～0.4，長 4.0～6.0	40g 以上	
紅辣椒絲	寬、高（厚）各為 0.3 以下，長 4.0～6.0	切完	
薑絲	寬、高（厚）各為 0.3 以下，長 4.0～6.0	10g 以上	
冬瓜夾	長 4.0～6.0，寬 3.0 以上，高（厚）0.8～1.2 雙飛片	6 片夾以上	
杏鮑菇條	寬、高（厚）各為 0.5～1.0，長 4.0～6.0	切完	弧形邊也用
雞肉絲	寬、高（厚）各為 0.2～0.4，長 4.0～6.0	切完	

烹調指引卡

第二階段烹調說明：請依題意及菜名與食材切配依據表需求自刀工切配作品中適量取用，加入之食材種類不得短少，否則依不符題意處理（即該道菜判定為 60 分以下），水花則依配色或烹調量需求，需有兩款但各款數量不一定要全加。

（1）三色炒雞絲

烹調規定	1. 雞絲需調味上漿，汆燙或過油皆可 2. 以蒜末、薑絲爆香與所有材料（含紅辣椒絲）炒成菜
烹調法	炒、爆炒
調味規定	以鹽、酒、糖、味精、胡椒粉、香油、太白粉水等調味料自選合宜使用
備註	不得嚴重出油，規定材料不得短少

（2）火腿冬瓜夾

烹調規定	1. 每一瓜夾中夾入一片家鄉肉、薑水花片，在盤中排齊上蒸籠蒸到熟透 2. 煮熟紅蘿蔔水花片一款，排入盤中裝飾 3. 湯汁調味，以琉璃芡淋在火腿冬瓜夾上
烹調法	蒸
調味規定	以鹽、酒、糖、味精、胡椒粉、香油、太白粉水等調味料自選合宜使用
備註	6 組瓜夾形狀大小相似，組織完整，規定材料不得短少

（3）鹹蛋黃炒杏菇條

烹調規定	1. 杏鮑菇沾麵糊炸至酥脆 2. 將鹹蛋黃炒散，再以蒜末、蔥花爆香，拌合杏鮑菇，和勻而起
烹調法	炸、拌炒
調味規定	以鹽、酒、糖、味精、香油、麵粉、太白粉、地瓜粉、泡打粉、油等調味料自選合宜使用
備註	1. 蒸籠洗淨後，可先將蛋黃蒸熟 2. 拌合後鹹蛋黃末須包裹附於菇條表面，規定材料不得短少

第一階段：清洗、切配、工作區域清理

☑ **清潔**

瓷碗盤 → 配料碗盤盆 → 鍋具 → 烹調用具（菜鏟、炒杓、大漏杓、調味匙、筷子）→ 刀具（即菜刀，其他刀具使用前消毒即可）→ 砧板 → 抹布 → 洗畢歸位

☑ **消毒**

刀具、砧板、抹布（例如熱水沸煮、化學法，本題庫選用酒精消毒）

洗滌順序為：		切割順序為：（※ 參考指定水花、盤飾，優先將兩者切出）	
乾貨 → 素-加工食品類 → 葷-加工食品類 → 蔬果類 → 肉類（順序為：牛羊豬雞鴨）→ 蛋類 → 水產類		乾貨 → 素-加工食品類 → 葷-加工食品類 → 蔬果類 → 肉類（順序為：牛羊豬雞鴨）→ 蛋類 → 水產類	
乾貨	乾木耳泡水	乾貨	木耳切絲
加工食品（素）	無	加工食品（素）	無
加工食品（葷）	鹹蛋黃洗淨外殼；略洗乾淨家鄉肉	加工食品（葷）	鹹蛋黃以中火蒸8分鐘，預先蒸熟備用；家鄉肉去皮切片狀
蔬果類	紅蘿蔔去皮；青椒去蒂洗淨；紅辣椒去頭尾；洗淨杏鮑菇；冬瓜去皮籽及瓜囊洗淨；蔥去蒂頭尾葉；薑去皮；蒜頭去膜；洗淨小黃瓜、大黃瓜	蔬果類	紅蘿蔔切水花片、切絲；青椒切絲；紅辣椒切絲；杏鮑菇切長條狀（弧形邊也用）；冬瓜切雙飛片；蔥切蔥花，分出蔥白、蔥綠；薑切1款長形水花片、切絲；蒜頭切末
肉類	洗淨雞胸肉去皮骨	肉類	雞胸肉切絲
蛋類	無	蛋類	無
水產類	無	水產類	無

水花及盤飾參考 ▶ 依指定圖完成，可受公評並獲得普遍認同之美感。

受評刀工示範圖檔

指定水花（擇一）

指定盤飾（擇二）

▼ 大黃瓜、小黃瓜、紅辣椒　　▼ 紅蘿蔔　　▼ 大黃瓜

盤飾 	☑ 受評刀工 	非受評刀工 

302-03 第二階段 70分鐘

❶ 三色炒雞絲　炒、爆炒

作法：

1. 雞胸肉絲調味上漿；芡水備妥。
2. 準備一鍋滾水，汆燙木耳，撈起瀝乾；汆燙紅蘿蔔，撈起瀝乾；準備一鍋滾水，關火放入雞胸肉絲快速拌開，開火，燙熟後撈起瀝乾。（圖1～2）
3. 熱鍋加入2大匙沙拉油，爆香蒜末、薑絲，加入紅辣椒絲、紅蘿蔔、木耳絲、雞胸肉炒勻。（圖3）
4. 加入調味料（除了香油）、青椒拌炒均勻，以適量太白粉水勾芡，起鍋前加入香油拌勻即可。（圖4）

材料：

乾木耳1大片、青椒1/2個（約120g）、紅蘿蔔1/4條、紅辣椒1條、薑10g、蒜頭10g、雞胸肉1/2付（約360g以上）

調味料：

鹽1/2小匙、胡椒粉1/4小匙、水60cc、米酒1小匙、香油1小匙

▶ 上漿：鹽1/4小匙、米酒1小匙、太白粉1小匙

▶ 芡水：太白粉1大匙、水1大匙

圖1　　圖2　　圖3　　圖4

167

❷ 火腿冬瓜夾 蒸

作法：

1. 準備一鍋滾水，預先燙過冬瓜片；冬瓜雙飛片夾入家鄉肉片、薑水花片，整齊排入瓷盤中。（圖1～2）
2. 放入蒸鍋，以中火蒸6分鐘後取出；芡水備妥。
3. 準備一鍋滾水，汆燙紅蘿蔔水花片，撈起排入瓷盤裝飾。（圖3）
4. 將調味料（除了香油）煮滾，以適量太白粉水勾琉璃芡，加入香油煮勻，淋上菜餚即可。（圖4）

材料：

家鄉肉1塊、冬瓜1塊（約600g）、薑110g、紅蘿蔔3/4條

調味料：

水150cc、鹽1小匙、糖小匙、香油1小匙
▶ 芡水：太白粉2大匙、水2大匙

圖1 　　圖2 　　圖3 　　圖4

302
03

第二階段 70分鐘

❸ 鹹蛋黃炒杏菇條　炸、拌炒

作法：

1. 調勻麵糊，醒麵 15 分鐘備用。
2. 起油鍋至油溫約 180℃，杏鮑菇均勻裹上麵糊，炸至酥脆撈起瀝乾。（圖 1）
3. 熱鍋加入 1 小匙沙拉油，以小火將鹹蛋黃炒散，入蒜末、蔥白花爆香，炒至起泡飄香。（圖 2）
4. 加入杏鮑菇拌勻，拌炒至表面均勻沾上鹹蛋黃，加入調味料、蔥綠花炒勻即可，拌合後鹹蛋黃末須包裹附於菇條表面。（圖 3～4）

材料：

鹹蛋黃 2 個、杏鮑菇 2 支、蔥 1 支、蒜頭 10g

調味料：

鹽 1/4 小匙、胡椒粉 1/4 小匙

▸ 麵糊：麵粉 4 大匙、水 7 大匙、沙拉油 1 大匙、泡打粉 1/2 小匙、太白粉 4 大匙

圖 1　　圖 2　　圖 3　　圖 4

169

302-04

❶ 鹹酥雞　　❷ 家常煎豆腐　　❸ 木耳炒三絲

▶ 菜名與食材切配依據

菜餚名稱	主要刀工	烹調法	主材料類別	材料組合	水花款式	盤飾款式
鹹酥雞	塊	炸、拌炒	雞胸肉	蒜頭、九層塔、雞胸肉		參考規格明細
家常煎豆腐	片	煎	板豆腐	板豆腐、蔥、薑、蒜頭、紅蘿蔔	參考規格明細	
木耳炒三絲	絲	炒、爆炒	木耳	乾木耳、青椒、紅蘿蔔、紅辣椒、薑、蒜頭、大里肌肉		

▶ 材料清點卡 - 材料明細

材料	規格描述	重量（數量）	備註
乾木耳	大片無長黴，漲發後可供切5公分以上的絲	4大片	5g/大片，可於洗鍋具時優先煮水浸泡於乾貨類切割
板豆腐	老豆腐，不得有酸味	400g以上	注意保存
蔥	青翠新鮮	50g	
蒜頭	飽滿無發芽無潰爛	30g	
紅辣椒	表面平整不皺縮不潰爛	1條	10g以上/條
九層塔	新鮮，葉片完整無潰爛	20g	
紅蘿蔔	表面平整不皺縮不潰爛	1條	300g以上/條，若為空心須再補發
薑	長段無潰爛	100g	需可切絲、片
青椒	表面平整不皺縮不潰爛	1/2個	120g以上/個
小黃瓜	不可大彎曲鮮度足	1條	80g以上
大黃瓜	表面平整不皺縮不潰爛	1截	6公分長/截
大里肌肉	完整塊狀鮮度足可供橫紋切長絲	150g	
雞胸肉	帶骨帶皮，鮮度足	1付	360g以上/付

▶ 刀工作品規格卡 - 規格明細

第一階段繳交刀工作品規格（係取自菜名與食材切配依據表所示之成品，只需取出規格明細表所示之種類數量，每一種類的數量皆至少有3/4量符合其規定尺寸，其餘作品留待烹調時適量取用）。受評分刀工作品以配菜盤分類盛裝受評，另加兩種盤飾以2只瓷盤盛裝擺設。

材料	規格描述（長度單位：公分）	數量	備註
紅蘿蔔水花片兩款	自選1款及指定1款，指定款須參考下列指定圖（形狀大小需可搭配菜餚）厚薄度（0.3～0.4公分）	各6片以上	
配合材料擺出兩種盤飾	下頁指定圖3選2	各1盤	
木耳絲	寬0.2～0.4，長4.0～6.0，高（厚）依食材規格	25g以上	
豆腐片	長4.0～6.0，寬2.0～4.0，高（厚）0.8～1.5	切完	
薑片	長2.0～3.0，寬1.0～2.0，高（厚）0.2～0.4，可切菱形片	10g以上	
青椒絲	寬、高（厚）各為0.2～0.4，長4.0～6.0	切完	
紅蘿蔔絲	寬、高（厚）各為0.2～0.4，長4.0～6.0	20g以上	
紅辣椒絲	寬、高（厚）各為0.3以下，長4.0～6.0	切完	
薑絲	寬、高（厚）各為0.3以下，長4.0～6.0	10g以上	
里肌肉絲	寬、高（厚）各為0.2～0.4，長4.0～6.0	切完	去筋膜
雞塊	邊長2.0～4.0的不規則塊狀，須帶骨	切完	

烹調指引卡

第二階段烹調說明：請依題意及菜名與食材切配依據表需求自刀工切配作品中適量取用，加入之食材種類不得短少，否則依不符題意處理（即該道菜判定為60分以下），水花則依配色或烹調量需求，需有兩款但各款數量不一定要全加。

（1）鹹酥雞

烹調規定	1. 雞塊加五香粉調味沾地瓜粉炸酥且熟，九層塔炸酥 2. 炒香蒜末與雞塊、九層塔、椒鹽拌合成菜
烹調法	炸、拌炒
調味規定	以鹽、醬油、酒、糖、味精、胡椒粉、香油、五香粉等調味料自選合宜調味，椒鹽可合宜地選用鹽、胡椒粉、味精等
備註	雞塊不得未上色而油軟，九層塔需片片香酥而不油軟，規定材料不得短少

（2）家常煎豆腐

烹調規定	1. 豆腐雙面煎至上色 2. 以蔥段、薑片、蒜片爆香，加豆腐、水花（兩款各三片以上）下鍋與醬汁拌和，收汁即成
烹調法	煎
調味規定	以醬油、酒、糖、味精、胡椒粉、香油等調味料自選合宜使用
備註	1. 豆腐不得沾粉，成品醬汁極少 2. 煎豆腐需有60%面積上色，焦黑處不得超過10%，不得潰散變形或不成形 3. 規定材料不得短少

（3）木耳炒三絲

烹調規定	1. 肉絲需調味上漿，汆燙或過油皆可 2. 以薑絲、蒜末爆香，所有材料（含紅辣椒絲）炒成菜
烹調法	炒、爆炒
調味規定	以鹽、酒、糖、味精、胡椒粉、香油、太白粉水等調味料自選合宜使用
備註	規定材料不得短少

第一階段：清洗、切配、工作區域清理

☑ 清潔
瓷碗盤 → 配料碗盤盆 → 鍋具 → 烹調用具（菜鏟、炒杓、大漏杓、調味匙、筷子）→ 刀具（即菜刀，其他刀具使用前消毒即可）→ 砧板 → 抹布 → 洗畢歸位

☑ 消毒
刀具、砧板、抹布（例如熱水沸煮、化學法，本題庫選用酒精消毒）

洗滌順序為：		切割順序為：（※ 參考指定水花、盤飾，優先將兩者切出）	
乾貨 → 素-加工食品類 → 葷-加工食品類 → 蔬果類 → 肉類（順序為：牛羊豬雞鴨）→ 蛋類 → 水產類		乾貨 → 素-加工食品類 → 葷-加工食品類 → 蔬果類 → 肉類（順序為：牛羊豬雞鴨）→ 蛋類 → 水產類	
乾貨	乾木耳泡水	乾貨	木耳切絲
加工食品（素）	洗淨板豆腐	加工食品（素）	板豆腐切厚片
加工食品（葷）	無	加工食品（葷）	無
蔬果類	紅蘿蔔去皮；洗淨九層塔；青椒去蒂洗淨；紅辣椒去頭尾；蔥去蒂頭尾葉；薑去皮；蒜頭去膜；洗淨小黃瓜、大黃瓜	蔬果類	紅蘿蔔切水花片、切絲；九層塔略切段狀；青椒切絲；紅辣椒切絲；蔥切斜段，分出蔥白、蔥綠；薑切菱形片、切絲；蒜頭切片、切末
肉類	洗淨大里肌肉；洗淨雞胸肉	肉類	大里肌肉去筋膜切絲；雞胸帶皮帶骨剁塊狀
蛋類	無	蛋類	無
水產類	無	水產類	無

水花及盤飾參考 ▶ 依指定圖完成，可受公評並獲得普遍認同之美感。

受評刀工示範圖檔

指定水花（擇一）

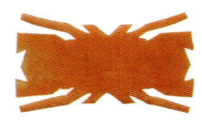

指定盤飾（擇一）

▼ 大黃瓜、小黃瓜、紅辣椒　　▼ 大黃瓜、紅蘿蔔　　▼ 大黃瓜

盤飾 	☑ 受評刀工 	非受評刀工 

❶ 鹹酥雞　　炸、拌炒

作法：

1. 雞胸肉塊與醃料醃至入味,約 5 分鐘。（圖 1）
2. 將醃漬好的雞胸肉塊裹上地瓜粉（乾粉）備用。
3. 起油鍋至油溫約 180°C,將雞塊炸至金黃酥脆,撈起瀝乾;加入九層塔炸酥,撈起瀝乾。（圖 2～3）
4. 熱鍋加入 1 小匙沙拉油,炒香蒜末,再放入雞塊、調味料翻炒均勻,將雞塊與炸好的九層塔盛盤。（圖 4）

材料：

蒜頭 10g、九層塔 20g、雞胸肉 1 付（約 360g）

調味料：

胡椒粉 1/2 小匙、鹽 1/2 小匙

▶ 醃　料：鹽 1/2 小匙、糖 1/2 小匙、五香粉 1/4 小匙、胡椒粉 1/4 小匙、米酒 1 大匙、太白粉 2 大匙

▶ 乾粉：地瓜粉 5 大匙

圖 1　　圖 2　　圖 3　　圖 4

302 / 04

第二階段　70 分鐘

302-04 第二階段 70分鐘

❷ 家常煎豆腐　煎

作法：

1. 熱鍋加入 2 大匙沙拉油，中火將板豆腐煎至兩面金黃、表皮酥硬，備用。(圖1)
2. 準備一鍋滾水，汆燙紅蘿蔔水花片，撈起瀝乾。
3. 熱鍋加入 1 大匙沙拉油，爆香蔥白段、薑片、蒜片。
4. 加入煎好的板豆腐、紅蘿蔔水花片、調味料（除了香油）一同燒至入味，起鍋前加入蔥綠段、香油收汁即可，成品醬汁極少。（圖2～4）

材料：

板豆腐 400g、蔥 1 支、薑 50g、蒜頭 10g、紅蘿蔔 3/4 條

調味料：

醬油 2 大匙、糖 1/4 小匙、胡椒粉 1/4 小匙、水 100cc、香油 1 小匙、米酒 1 小匙

圖1 　圖2 　圖3 　圖4

③ 木耳炒三絲　炒、爆炒

作法：

1. 大里肌肉絲調味上漿，備用。
2. 準備一鍋滾水，汆燙木耳絲，撈起瀝乾；汆燙紅蘿蔔絲，撈起瀝乾；準備一鍋滾水，關火放入大里肌肉絲快速拌開，開火，燙熟後撈起瀝乾。
3. 熱鍋加入 1 小匙沙拉油，爆香薑絲、蒜末。
4. 加入其它材料炒勻，加入調味料拌炒均勻，盛盤。（圖 1～4）

材料：

乾木耳 1 大片（約 30g）、青椒 1/2 個（約 120g）、紅蘿蔔 1/4 條、紅辣椒 1 條、薑 30g、蒜頭 10g、大里肌肉 150g

調味料：

鹽 1 小匙、糖 1 小匙、水 60cc、胡椒粉 1/4 小匙、米酒 1 小匙、香油 1 小匙

▶ 上漿：鹽 1/4 小匙、太白粉 1 小匙、米酒 1 大匙

302 / 04

第二階段　70 分鐘

圖 1　　圖 2　　圖 3　　圖 4

302-05

❶ 三色雞絲羹　❷ 炒梳片鮮筍　❸ 西芹拌豆干絲

▶ 菜名與食材切配依據

菜餚名稱	主要刀工	烹調法	主材料類別	材料組合	水花款式	盤飾款式
三色雞絲羹	絲	羹	雞胸肉	乾香菇、桶筍、紅蘿蔔、蔥、雞胸肉、雞蛋	參考規格明細	參考規格明細
炒梳片鮮筍	片、梳子片	炒、爆炒	桶筍	乾香菇、桶筍、小黃瓜、紅蘿蔔、薑、蒜頭、大里肌肉		
西芹拌豆干絲	絲	涼拌	大豆干	洋菜、五香大豆干、蒜頭、薑、西芹、紅蘿蔔		

▶ 材料清點卡 - 材料明細

材料	規格描述	重量（數量）	備註
乾香菇	直徑 4 公分以上	5 朵	可於洗鍋具時優先煮水浸泡於乾貨類切割
洋菜	乾品效期內	5g	
桶筍	若為空心或軟爛不足需求量，應檢人可反應更換	1.5 支	去除筍尖的實心淨肉至少 300g，需縱切檢視才分發，烹調時需去酸味
五香大豆干	完整塊狀鮮度足無酸味	1 塊	厚度 2.0 公分以上
紅蘿蔔	表面平整不皺縮不潰爛	1 條	300g 以上 / 條，若為空心須再補發
蔥	青翠新鮮	50g	
薑	長段無潰爛	80g	需可切絲、片
紅辣椒	表面平整不皺縮不潰爛	1 條	10g 以上 / 條
小黃瓜	不可大彎曲鮮度足	2 條	80g 以上 / 條
大黃瓜	表面平整不皺縮不潰爛	1 截	6 公分長 / 截
蒜頭	飽滿無發芽無潰爛	20g	
西芹	整把分單支發放	1 單支以上	80g 以上 / 支
大里肌肉	完整塊狀鮮度足需可供逆紋切片	120g	
雞胸肉	帶骨帶皮，鮮度足	1/2 付	360g 以上 / 付
雞蛋	外形完整鮮度足	1 個	

▶ 刀工作品規格卡 - 規格明細

第一階段繳交刀工作品規格（係取自菜名與食材切配依據表所示之成品，只需取出規格明細表所示之種類數量，每一種類的數量皆至少有 3/4 量符合其規定尺寸，其餘作品留待烹調時適量取用）。受評分刀工作品以配菜盤分類盛裝受評，另加兩種盤飾以 2 只瓷盤盛裝擺設。

材料	規格描述（長度單位：公分）	數量	備註
紅蘿蔔水花片	指定 1 款，指定款須參考下列指定圖（形狀大小需可搭配菜餚）厚薄度（0.3～0.4公分）	各 6 片以上	
薑水花片	自選 1 款厚薄度（0.3～0.4公分）	6 片以上	
配合材料擺出兩種盤飾	下頁指定圖 3 選 2	各 1 盤	
筍絲	寬、高（厚）各為 0.2～0.4，長 4.0～6.0	40g 以上	
桶筍梳子片	長 4.0～6.0，寬 2.0～4.0，高（厚）為 0.2～0.4 的梳子花刀片（花刀間隔為 0.5 以下）	12 片以上	
豆干絲	寬、高（厚）各為 0.2～0.4，長 4.0～6.0	切完	
紅蘿蔔絲	寬、高（厚）各為 0.2～0.4，長 4.0～6.0	30g 以上	二菜用
蔥絲	寬、高（厚）各為 0.3 以下，長 4.0～6.0	10g 以上	
薑絲	寬、高（厚）各為 0.3 以下，長 4.0～6.0	10g 以上	
西芹絲	寬、高（厚）各為 0.2～0.4，長 4.0～6.0	切完	
里肌肉片	長 4.0～6.0，寬 2.0～4.0，高（厚）0.4～0.6	切完	去筋膜
雞絲	寬、高（厚）各為 0.2～0.4，長 4.0～6.0	100g 以上	

第二階段烹調說明：請依題意及菜名與食材切配依據表需求自刀工切配作品中適量取用，加入之食材種類不得短少，否則依不符題意處理（即該道菜判定為 60 分以下），水花則依配色或烹調量需求，需有兩款但各款數量不一定要全加。

烹調指引卡

（1）三色雞絲羹

烹調規定	1. 雞絲需調味上漿、汆燙或過油皆可 2. 所有絲料煮成羹，淋蛋白液成雪花片或絲片狀
烹調法	羹
調味規定	以鹽、白醋、酒、糖、味精、胡椒粉、香油、太白粉水等調味料自選合宜使用
備註	蛋白需成絲或細片狀浮在液面，規定材料不得短少

（2）炒梳片鮮筍

烹調規定	1. 肉片需調味上漿、汆燙或過油皆可 2. 以薑水花片、蒜片爆香，梳片鮮筍與材料（含香菇、小黃瓜、肉片）、水花炒成菜
烹調法	炒、爆炒
調味規定	以鹽、酒、糖、味精、胡椒粉、香油、太白粉水等調味料自選合宜使用
備註	油汁不得過多，配料可不切梳子片花刀，規定材料不得短少

（3）西芹拌豆干絲

烹調規定	1. 洋菜段泡軟，以熟食方式處理，其他材料皆須脫生 2. 拌合所有材料，調味成菜
烹調法	涼拌
調味規定	以鹽、烏醋、白醋、糖、味精、胡椒粉、香油等調味料自選合宜使用
備註	注重操作衛生，規定材料不得短少

第一階段：清洗、切配、工作區域清理

☑ **清潔**
瓷碗盤 → 配料碗盤盆 → 鍋具 → 烹調用具（菜鏟、炒杓、大漏杓、調味匙、筷子）→ 刀具（即菜刀，其他刀具使用前消毒即可）→ 砧板 → 抹布 → 洗畢歸位

☑ **消毒**
刀具、砧板、抹布（例如熱水沸煮、化學法，本題庫選用酒精消毒）

洗滌順序為：		切割順序為：（※ 參考指定水花、盤飾，優先將兩者切出）	
乾貨 → 素-加工食品類 → 葷-加工食品類 → 蔬果類 → 肉類（順序為：牛羊豬雞鴨）→ 蛋類 → 水產類		乾貨 → 素-加工食品類 → 葷-加工食品類 → 蔬果類 → 肉類（順序為：牛羊豬雞鴨）→ 蛋類 → 水產類	
乾貨	洋菜略洗；乾香菇泡開去蒂	乾貨	洋菜切段；香菇切片、切絲
加工食品（素）	桶筍泡水；洗淨五香大豆干	加工食品（素）	桶筍切梳子片、切絲；五香大豆干切絲
加工食品（葷）	無	加工食品（葷）	無
蔬果類	紅蘿蔔去皮；洗淨小黃瓜、大黃瓜；西芹削皮；蔥去蒂頭尾葉；薑去皮；蒜頭去膜；紅辣椒洗淨	蔬果類	紅蘿蔔切水花片、切絲；小黃瓜切片；西芹切絲；蔥切絲，分出蔥白、蔥綠；薑切菱形片、切絲；蒜頭切片
肉類	洗淨大里肌肉；洗淨雞胸肉去皮骨	肉類	大里肌肉去筋膜，逆紋切片狀；雞胸肉切絲
蛋類	洗淨雞蛋	蛋類	雞蛋採三段式打蛋法備用
水產類	無	水產類	無

水花及盤飾參考 ▶ 依指定圖完成，可受公評並獲得普遍認同之美感。

指定水花（擇一）

指定盤飾（擇一）
▼ 大黃瓜　　▼ 大黃瓜、紅辣椒　　▼ 大黃瓜、小黃瓜、紅辣椒

盤飾	☑ 受評刀工	非受評刀工

302 / 05

第二階段　70分鐘

❶ 三色雞絲羹　羹

作法：

1. 雞胸肉絲調味上漿，備用；芡水備妥。
2. 準備一鍋滾水，汆燙桶筍絲（去除酸味）撈起瀝乾。
3. 準備一鍋滾水，汆燙紅蘿蔔絲，撈起瀝乾；準備一鍋滾水，關火放入雞胸肉絲快速拌開，開火，燙熟後撈起瀝乾。
4. 鍋子加入 1500cc 水煮沸，加入調味料煮勻，加入所有材料（除了雞蛋、蔥綠絲），以適量太白粉水勾芡，轉小火。（圖 1～2）
5. 雞蛋採三段式打蛋法處理，將蛋白、蛋黃分開，再將蛋白液慢慢倒入羹中，邊加邊攪拌成蛋絲（或蛋片），加入蔥綠絲即可熄火，起鍋前淋上香油即可。（圖 3～4）

材料：

乾香菇 2 朵、桶筍 1/2 支、紅蘿蔔 1/4 條、蔥 1 支、雞胸肉 1/2 付（約 180g）、雞蛋 1 顆

調味料：

鹽 1 小匙、糖 1/4 小匙

▶ 上漿：鹽 1/4 小匙、米酒 1 小匙、太白粉 1 小匙

▶ 芡水：太白粉 2 大匙、水 2 大匙

圖 1 　　圖 2 　　圖 3 　　圖 4

302-05 第二階段 70分鐘

❷ 炒梳片鮮筍　炒、爆炒

作法：

1. 大里肌肉片調味上漿；芡水備妥。
2. 準備一鍋滾水，汆燙桶筍梳片（去除酸味），撈起瀝乾。
3. 準備一鍋滾水，汆燙紅蘿蔔水花、小黃瓜片，撈起瀝乾；準備一鍋滾水，關火放入大里肌肉片快速拌開，開火，燙熟後撈起瀝乾。（圖1）
4. 熱鍋加入2大匙沙拉油，爆香薑片、蒜片，加入香菇片、紅蘿蔔水花片炒勻，加入大里肌肉、桶筍炒勻。（圖2～3）
5. 加入調味料（除了香油）、小黃瓜片翻炒均勻，以適量太白粉水勾薄芡，起鍋前加入香油即可。（圖4）

材料：

乾香菇3朵、桶筍1支、小黃瓜1條、紅蘿蔔2/4條、薑60g、蒜頭10g、大里肌肉120g

調味料：

水60cc、鹽1/4小匙、糖1小匙、胡椒粉1/4小匙、香油1小匙

▶ 上漿：鹽1/4小匙、米酒1小匙、太白粉1/2小匙

▶ 芡水：太白粉1大匙、水1大匙

圖1 　　圖2 　　圖3 　　圖4

302 / 05

第二階段　70分鐘

③ 西芹拌豆干絲　涼拌

作法：

1. 熱鍋加入香油，爆香蒜片、薑絲，加入調味料煮沸，放涼備用。
2. 準備一鍋滾水，放入紅蘿蔔汆燙90秒，加入五香大豆干汆燙60秒，放入西芹汆燙60秒，熄火放入洋菜。（圖1～2）
3. 撈起所有材料，泡可食用冷開水，瀝乾放入瓷碗。（圖3）
4. 瓷碗放入所有材料、放涼的調味料拌勻，需依規定戴上衛生手套或以筷子調味之。（圖4）

材料：

洋菜5g、五香大豆干1塊、蒜頭10g、薑20g、西芹1支、紅蘿蔔1/4條

調味料：

鹽1/2小匙、糖1/2小匙、香油1匙、水60cc、白醋1小匙

圖1　　圖2　　圖3　　圖4

302-06

❶ 三絲魚捲　　❷ 焦溜豆腐塊　　❸ 竹筍炒三絲

▶ 菜名與食材切配依據

菜餚名稱	主要刀工	烹調法	主材料類別	材料組合	水花款式	盤飾款式
三絲魚捲	絲、雙飛片	蒸	鱸魚	乾香菇、桶筍、紅蘿蔔、薑、鱸魚		參考規格明細
焦溜豆腐塊	塊	焦溜	板豆腐	板豆腐、小黃瓜、紅蘿蔔、薑	參考規格明細	
竹筍炒三絲	絲	炒、爆炒	桶筍	桶筍、紅蘿蔔、青椒、蒜頭、薑、紅辣椒、大里肌肉		

▶ 材料清點卡 - 材料明細

材料	規格描述	重量(數量)	備註
乾香菇	直徑4公分以上	2朵	可於洗鍋具時優先煮水浸泡於乾貨類切割
桶筍	若為空心或軟爛不足需求量,應檢人可反應更換	1.5支	去除筍尖的實心淨肉至少300g,需縱切檢視才分發,烹調時需去酸味
板豆腐	老豆腐,不得有酸味	400g以上	注意保存
青椒	表面平整不皺縮不潰爛	1/2個	120g以上/個
紅蘿蔔	表面平整不皺縮不潰爛	1條	300g以上/條,若為空心須再補發
薑	長段無潰爛	80g	需可切絲、片
蒜頭	飽滿無發芽無潰爛	10g	
紅辣椒	表面平整不皺縮不潰爛	1條	10g以上/條
小黃瓜	不可大彎曲鮮度足	2條	80g以上/條
大黃瓜	表面平整不皺縮不潰爛	1截	6公分長/截
大里肌肉	完整塊狀鮮度足可供橫紋切片、長絲	120g以上	
鱸魚	體形完整鮮度足未處理	1隻	600g以上/隻,非活魚

▶ 刀工作品規格卡 - 規格明細

第一階段繳交刀工作品規格(係取自菜名與食材切配依據表所示之成品,只需取出規格明細表所示之種類數量,每一種類的數量皆至少有3/4量符合其規定尺寸,其餘作品留待烹調時適量取用)。受評分刀工作品以配菜盤分類盛裝受評,另加兩種盤飾以2只瓷盤盛裝擺設。

材料	規格描述（長度單位：公分）	數量	備註
紅蘿蔔水花片兩款	自選1款及指定1款，指定款須參考下列指定圖（形狀大小需可搭配菜餚）厚薄度（0.3～0.4公分）	各6片以上	
配合材料擺出兩種盤飾	下頁指定圖3選2	各1盤	
乾香菇絲	寬、高（厚）各為0.2～0.4，長依食材規格	切完	
桶筍絲	寬、高（厚）各為0.2～0.4，長4.0～6.0	切完	兩道菜共用
豆腐塊	邊長2.0～4.0的正方塊	切完	
青椒絲	寬、高（厚）各為0.2～0.4，長4.0～6.0	切完	
紅蘿蔔絲	寬、高（厚）各為0.2～0.4，長4.0～6.0	30g以上	
薑絲	寬、高（厚）各為0.3以下，長4.0～6.0	20g以上	
小黃瓜丁	長、寬、高（厚）各1.5～2.0，滾刀或菱形狀	1條切完	
里肌肉絲	寬、高（厚）各為0.2～0.4，長4.0～6.0	切完	去筋膜
魚片	長4.0～6.0，寬3.0以上，高（厚）0.8～1.2雙飛片	切完	頭尾勿丟棄，成品用

第二階段烹調說明：請依題意及菜名與食材切配依據表需求自刀工切配作品中適量取用，加入之食材種類不得短少，否則依不符題意處理（即該道菜判定為60分以下），水花則依配色或烹調量需求，需有兩款但各款數量不一定要全加。

烹調指引卡

（1）三絲魚捲

烹調規定	1. 魚片捲入香菇絲、紅蘿蔔絲、薑絲、筍絲，連頭尾排盤蒸熟 2. 玻璃芡回淋魚捲
烹調法	蒸
調味規定	以鹽、酒、糖、味精、胡椒粉、香油、太白粉水等調味料自選合宜使用
備註	魚捲不得潰散不成形，湯汁以淡芡為宜，規定材料不得短少

（2）焦溜豆腐塊

烹調規定	1. 豆腐（沾粉或不沾粉）油炸至上色 2. 以薑片爆香，豆腐與小黃瓜丁、水花片入醬汁焦溜
烹調法	焦溜
調味規定	以醬油、番茄醬、酒、烏醋、糖、胡椒粉、香油、等調味料自選合宜使用
備註	豆腐需金黃上色，不破碎，盤底不得有醬汁，規定材料不得短少

（3）竹筍炒三絲

烹調規定	1. 肉絲需調味上漿，汆燙或過油皆可 2. 以薑絲、蒜末爆香，所有材料調味炒均勻而起
烹調法	炒、爆炒
調味規定	以鹽、酒、糖、味精、胡椒粉、香油、太白粉水等調味料自選合宜使用
備註	油汁不得過多，規定材料不得短少

第一階段：清洗、切配、工作區域清理

☑ **清潔**
瓷碗盤 → 配料碗盤盆 → 鍋具 → 烹調用具（菜鏟、炒杓、大漏杓、調味匙、筷子）→ 刀具（即菜刀，其他刀具使用前消毒即可）→ 砧板 → 抹布 → 洗畢歸位

☑ **消毒**
刀具、砧板、抹布（例如熱水沸煮、化學法，本題庫選用酒精消毒）

洗滌順序為：		切割順序為：（※ 參考指定水花、盤飾，優先將兩者切出）	
乾貨 → 素-加工食品類 → 葷-加工食品類 → 蔬果類 → 肉類（順序為：牛羊豬雞鴨）→ 蛋類 → 水產類		乾貨 → 素-加工食品類 → 葷-加工食品類 → 蔬果類 → 肉類（順序為：牛羊豬雞鴨）→ 蛋類 → 水產類	
乾貨	乾香菇泡開去蒂	乾貨	香菇切絲
加工食品（素）	洗淨板豆腐；桶筍泡水	加工食品（素）	板豆腐切正方塊；桶筍切絲
加工食品（葷）	無	加工食品（葷）	無
蔬果類	紅蘿蔔去皮；青椒去蒂洗淨；洗淨小黃瓜、大黃瓜；紅辣椒去頭尾；薑去皮；蒜頭去膜	蔬果類	紅蘿蔔切水花片、切絲；青椒切絲；小黃瓜切滾刀丁；紅辣椒切絲；薑切長片、切絲；蒜切末
肉類	洗淨大里肌肉	肉類	大里肌肉去筋膜切絲
蛋類	無	蛋類	無
水產類	鱸魚三去，去除魚鱗、內臟、魚鰓洗淨	水產類	鱸魚去骨切雙飛片，剖開魚頭，與魚尾修飾備用

水花及盤飾參考 ▶ 依指定圖完成，可受公評並獲得普遍認同之美感。

受評刀工示範圖檔 ▶

指定水花（擇一）

指定盤飾（擇二）
▼ 大黃瓜、紅辣椒   ▼ 小黃瓜   ▼ 大黃瓜、小黃瓜、紅辣椒

盤飾	☑ 受評刀工	非受評刀工

302-06 第二階段 70分鐘

❶ 三絲魚捲　蒸

作法：

1. 鱸魚片與醃料醃至入味備用；準備一鍋滾水，汆燙桶筍絲（去除酸味），撈起瀝乾。
2. 準備一鍋滾水，汆燙紅蘿蔔絲，撈起瀝乾；蒸鍋起滾水，魚頭魚尾先以中火蒸7分鐘；芡水備妥。
3. 攤開鱸魚片放入香菇絲、紅蘿蔔絲、薑絲、桶筍絲，接口朝下捲成圓筒狀。（圖1～2）
4. 將魚捲整齊排入瓷盤，入蒸鍋以中火蒸5分鐘後取出。（圖3）
5. 鍋子加入調味料，煮滾後以適量太白粉水勾淡芡淋上。（圖4）

材料：

乾香菇2朵、桶筍1/2支、紅蘿蔔1/4條、薑20g、鱸魚1條（約600g以上）

調味料：

水100cc、鹽1小匙、香油1小匙、米酒1小匙、胡椒粉1/4小匙

▸ 醃料：鹽1/2小匙、米酒1大匙、胡椒粉1/4小匙
▸ 芡水：太白粉2大匙、水2大匙

圖1 　圖2 　圖3 　圖4

302-06 第二階段 70分鐘

❷ 焦溜豆腐塊　焦溜

作法：

1. 準備一鍋滾水，汆燙紅蘿蔔水花片、小黃瓜，撈起瀝乾。
2. 起油鍋至油溫約180℃，將板豆腐炸至金黃酥脆，撈起瀝乾；芡水備妥。（圖1）
3. 熱鍋加入1大匙沙拉油，爆香薑片，加入板豆腐、調味料煮勻。（圖2）
4. 放入紅蘿蔔水花片、小黃瓜煮至汁剩1/3，以適量太白粉水勾薄芡燜煮到收汁，起鍋前滴入香油，注意板豆腐需金黃上色，不破碎，盤底不得有醬汁。（圖3~4）

材料：

板豆腐400g、小黃瓜1條、紅蘿蔔2/4條、薑40g

調味料：

醬油2大匙、水100cc、糖1大匙、香油1小匙、烏醋1小匙、胡椒粉1小匙
▶ 芡水：太白粉1大匙、水1大匙

圖1　　圖2　　圖3　　圖4

❸ 竹筍炒三絲　炒、爆炒

作法：

1. 大里肌肉絲調味上漿，備用；準備一鍋滾水，汆燙桶筍，撈起瀝乾。
2. 準備一鍋滾水，汆燙紅蘿蔔絲，撈起瀝乾；準備一鍋滾水，關火放入大里肌肉絲快速拌開，開火，燙熟後撈起瀝乾。（圖1）
3. 熱鍋加入1小匙沙拉油，爆香薑絲、蒜末，放入桶筍、紅蘿蔔、紅辣椒絲炒勻。（圖2）
4. 加入大里肌肉炒勻，加入調味料（除了香油）拌炒均勻，以適量太白粉水勾芡，加入青椒炒勻，起鍋前淋上香油即可。（圖3～4）

材料：

桶筍1支、紅蘿蔔1/4條、青椒1/2個、蒜頭10g、薑20g、紅辣椒1條、大里肌肉120g

調味料：

鹽1小匙、糖1小匙、水60cc、胡椒粉1/4小匙、米酒1小匙、香油1大匙
▶ 上漿：鹽1/4小匙、米酒1大匙、太白粉1大匙
▶ 芡水：太白粉1大匙、水1大匙

| 圖1 | 圖2 | 圖3 | 圖4 |

302 / 06

第二階段　70分鐘

302-07

❶ 薑味麻油肉片　❷ 醬燒煎鮮魚　❸ 竹筍炒肉丁

▶ 菜名與食材切配依據

菜餚名稱	主要刀工	烹調法	主材料類別	材料組合	水花款式	盤飾款式
薑味麻油肉片	片	煮	大里肌肉	薑、紅蘿蔔、杏鮑菇、大里肌肉	參考規格明細	參考規格明細
醬燒煎鮮魚	絲	煎、燒	吳郭魚	蔥、薑、紅辣椒、蒜頭、吳郭魚		
竹筍炒肉丁	丁	炒、爆炒	桶筍	乾香菇、桶筍、青椒、紅蘿蔔、紅辣椒、蒜頭、大里肌肉		

▶ 材料清點卡 - 材料明細

材料	規格描述	重量（數量）	備註
乾香菇	直徑4公分以上	2朵	可於洗鍋具時優先煮水浸泡於乾貨類切割
桶筍	若為空心或軟爛不足需求量，應檢人可反應更換	1支	去除筍尖的實心淨肉至少200g，需縱切檢視才分發，烹調時需去酸味
杏鮑菇	形大結實飽滿	1支	100g以上/支
薑	長段無潰爛	120g	不宜細條，需可供切絲、水花片
紅蘿蔔	表面平整不皺縮不潰爛	1條	300g以上/條，若為空心須再補發
紅辣椒	表面平整不皺縮不潰爛	2條	10g以上/條
青椒	表面平整不皺縮不潰爛	1/2個	120g以上/個
蔥	青翠新鮮	20g	
蒜頭	飽滿無發芽無潰爛	20g	
小黃瓜	不可大彎曲鮮度足	2條	80g以上/條
大黃瓜	表面平整不皺縮不潰爛	1截	6公分長/截
大里肌肉	完整塊狀鮮度足可供橫紋切片、丁	500g以上	
吳郭魚	體形完整鮮度足未處理	1隻	600g以上/隻，非活魚

▶ 刀工作品規格卡 - 規格明細

刀工 第一階段繳交刀工作品規格（係取自菜名與食材切配依據表所示之成品，只需取出規格明細表所示之種類數量，每一種類的數量皆至少有3/4量符合其規定尺寸，其餘作品留待烹調時適量取用）。受評分刀工作品以配菜盤分類盛裝受評，另加兩種盤飾以2只瓷盤盛裝擺設。

材料	規格描述（長度單位：公分）	數量	備註
紅蘿蔔水花片	指定 1 款，指定款須參考下列指定圖（形狀大小需可搭配菜餚）厚薄度（0.3～0.4公分）	6 片以上	
薑水花片	自選 1 款厚薄度（0.3～0.4 公分）	6 片以上	
配合材料擺出兩種盤飾	下頁指定圖 3 選 2	各 1 盤	
筍丁	長、寬、高（厚）各 0.8～1.2	切完	
杏鮑菇片	長 4.0～6.0，寬 2.0～4.0，高（厚）0.4～0.6	切完	
薑絲	寬、高（厚）各為 0.3 以下，長 4.0～6.0	20g 以上	
紅辣椒絲	寬、高（厚）各為 0.3 以下，長 4.0～6.0	1 條切完	
青椒丁	長、寬各 0.8～1.2，高（厚）依食材規格	切完	
紅蘿蔔丁	長、寬、高（厚）各 0.8～1.2	40g	
里肌肉丁	長、寬、高（厚）各 0.8～1.2	100g 以上	去筋膜
里肌肉片	長 4.0～6.0，寬 2.0～4.0，高（厚）0.4～0.6	300g 以上	去筋膜

第二階段烹調說明：請依題意及菜名與食材切配依據表需求自刀工切配作品中適量取用，加入之食材種類不得短少，否則依不符題意處理（即該道菜判定為 60 分以下），水花則依配色或烹調量需求，需有兩款但各款數量不一定要全加。

（1）薑味麻油肉片

烹調規定	1. 肉片需調味上漿、汆燙或過油皆可 2. 以麻油、薑水花爆香，適量湯汁、調味料及適量之紅蘿蔔水花與配料合煮成菜
烹調法	煮
調味規定	以鹽、酒、糖、味精、胡椒粉、麻油等調味料自選合宜使用
備註	以 27 公分水盤盛裝，湯汁達容器 1/3，表面可飄浮著麻油，規定材料不得短少

（2）醬燒煎鮮魚

烹調規定	1. 將魚煎熟而上色（不得油炸） 2. 以蔥段、薑絲、蒜片、紅辣椒絲爆香與魚燒而入味
烹調法	煎、燒
調味規定	以鹽、醬油、酒、烏醋、糖、味精、胡椒粉、香油等調味料自選合宜使用
備註	魚脫皮不得大於 1/8 面積（不包含兩側魚背部自然爆裂處），魚身不得破碎，須有適量燒汁，不得黏稠結塊，規定材料不得短少

（3）竹筍炒肉丁

烹調規定	1. 肉丁需調味上漿、汆燙或過油皆可 2. 以蒜片爆香，入所有材料炒成菜
烹調法	炒、爆炒
調味規定	以鹽、酒、糖、味精、胡椒粉、香油、太白粉水等調味料自選合宜使用
備註	桶筍需去酸味，規定材料不得短少

第一階段：清洗、切配、工作區域清理

☑ 清潔
瓷碗盤 → 配料碗盤盆 → 鍋具 → 烹調用具（菜鏟、炒杓、大漏杓、調味匙、筷子）→ 刀具（即菜刀，其他刀具使用前消毒即可）→ 砧板 → 抹布 → 洗畢歸位

☑ 消毒
刀具、砧板、抹布（例如熱水沸煮、化學法，本題庫選用酒精消毒）

洗滌順序為：		切割順序為：（※ 參考指定水花、盤飾，優先將兩者切出）	
乾貨 → 素-加工食品類 → 葷-加工食品類 → 蔬果類 → 肉類（順序為：牛羊豬雞鴨）→ 蛋類 → 水產類		乾貨 → 素-加工食品類 → 葷-加工食品類 → 蔬果類 → 肉類（順序為：牛羊豬雞鴨）→ 蛋類 → 水產類	
乾貨	乾香菇泡開去蒂	乾貨	香菇切丁
加工食品（素）	桶筍泡水	加工食品（素）	桶筍切丁
加工食品（葷）	無	加工食品（葷）	無
蔬果類	紅蘿蔔去皮；青椒去蒂洗淨；薑去皮；洗淨杏鮑菇；紅辣椒去頭尾；蔥去蒂頭尾葉；蒜頭去膜；洗淨小黃瓜、大黃瓜	蔬果類	紅蘿蔔切水花片、切丁；青椒切丁；薑切水花片、切絲；杏鮑菇切片；紅辣椒切絲、切丁；蔥切斜段，分出蔥白、蔥綠；蒜頭切片
肉類	洗淨大里肌肉	肉類	大里肌肉去筋膜切片、切丁
蛋類	無	蛋類	無
水產類	吳郭魚三去，去除魚鱗、內臟、魚腮洗淨	水產類	吳郭魚兩面各劃三斜刀

水花及盤飾參考 ▶ 依指定圖完成，可受公評並獲得普遍認同之美感。

受評刀工示範圖檔 ▶

指定水花（擇一）

指定盤飾（擇一）
▼ 大黃瓜、紅辣椒　　▼ 大黃瓜　　▼ 大黃瓜、小黃瓜、紅辣椒

盤飾	☑ 受評刀工	非受評刀工

劃三刀

薑味麻油肉片 🍲 煮

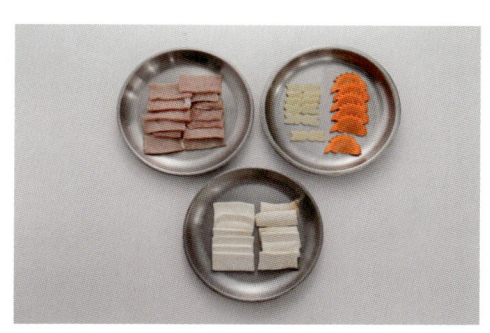

作法：

1. 大里肌肉片調味上漿，備用。
2. 準備一鍋滾水，汆燙紅蘿蔔水花片、杏鮑菇片，撈起瀝乾；準備一鍋滾水，關火放入大里肌肉快速拌開，開火，燙熟後撈起瀝乾。（圖1）
3. 熱鍋加入胡麻油爆香薑水花片，加入杏鮑菇片、紅蘿蔔水花片、調味料B煮勻。（圖2～3）
4. 加入大里肌肉煮勻。（圖4）

材料：

薑 100g、紅蘿蔔 2/3 條、杏鮑菇 1 支、大里肌肉 350g

調味料：

A：胡麻油 3 大匙

B：米酒 4 大匙、水 200cc、糖 1 小匙、鹽 1/4 小匙

▶ 上漿：鹽 1/4 小匙、米酒 1 大匙、太白粉 1 大匙

圖1 　　　圖2 　　　圖3 　　　圖4

302

07

第二階段 70分鐘

❷ 醬燒煎鮮魚　煎、燒

作法：

1. 熱鍋加入 4 大匙沙拉油熱油養鍋，吳郭魚拍上少許麵粉，以中小火煎至兩面定型。（圖 1～2）
2. 小火煎至兩面金黃上色，取出備用；芡水備妥。
3. 熱鍋加入 1 大匙沙拉油，爆香蔥白段、薑絲、蒜片、紅辣椒絲。（圖 3）
4. 加入煎好的吳郭魚與調味料（除了香油），小火燒煮到魚熟透入味，起鍋前加入蔥綠段、香油。（圖 4）

劃三刀

材料：

蔥 20g、薑 20g、紅辣椒 1 條、蒜頭 10g、吳郭魚 1 隻（約 600g 以上）

調味料：

醬油 2 大匙、糖 1 小匙、米酒 1 大匙、水 200cc、胡椒粉 1/2 小匙、香油 1 小匙
▶ 沾粉：麵粉 3 大匙

圖 1 　　　　圖 2 　　　　圖 3 　　　　圖 4

❸ 竹筍炒肉丁　炒、爆炒

作法：

1. 大里肌肉丁調味上漿，備用。
2. 準備一鍋滾水，汆燙將桶筍丁（去除酸味），撈起瀝乾。（圖1）
3. 準備一鍋滾水，汆燙紅蘿蔔丁，撈起瀝乾；準備一鍋滾水，關火放入大里肌肉丁快速拌開，開火，燙熟後撈起瀝乾。（圖2）
4. 熱鍋加入1大匙沙拉油，爆香蒜片，加入香菇爆炒，放入全部材料（除了青椒）、調味料炒勻，加入青椒拌炒均勻即可。（圖3～4）

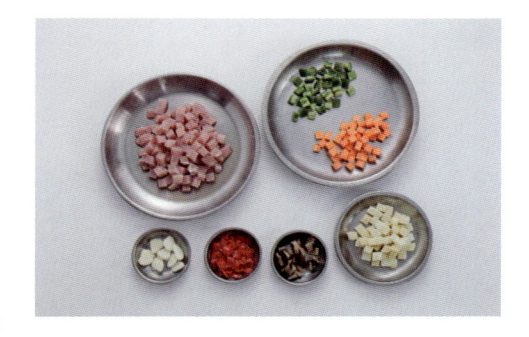

材料：

乾香菇2朵、桶筍1支、青椒1/2個、紅蘿蔔1/3條、紅辣椒1條、蒜頭10g、大里肌肉150g

調味料：

鹽1小匙、糖1/4小匙、香油1大匙、水60cc

▸ 上漿：鹽1/4小匙、米酒1小匙、太白粉1/2小匙

圖1　　圖2　　圖3　　圖4

302-08

❶ 豆薯炒豬肉鬆　❷ 麻辣溜雞丁　❸ 香菇素燴三色

▶ 菜名與食材切配依據

菜餚名稱	主要刀工	烹調法	主材料類別	材料組合	水花款式	盤飾款式
豆薯炒豬肉鬆	鬆	炒	豆薯 大里肌肉	乾香菇、桶筍、豆薯、紅蘿蔔、芹菜、蒜頭、大里肌肉		參考規格明細
麻辣溜雞丁	丁	滑溜	仿雞腿	乾辣椒、花椒粒、小黃瓜、蔥、薑、蒜頭、仿雞腿		
香菇素燴三色	片	燴	乾香菇	乾香菇、豆干、桶筍、紅蘿蔔、西芹、薑	參考規格明細	

▶ 材料清點卡 - 材料明細

材料	規格描述	重量(數量)	備註
乾辣椒	條狀無霉味	8 條	
乾香菇	直徑 4 公分以上	7 朵	可於洗鍋具時優先煮水浸泡於乾貨類切割
桶筍	若為空心或軟爛不足需求量，應檢人可反應更換	1 支	去除筍尖的實心淨肉至少 200g，需縱切檢視才分發
五香大豆干	完整塊狀鮮度足無酸味	1/2 塊	厚度 2.0 公分以上
豆薯	鮮度足無潰爛	1/4 個約 100g	買不到的地區以荸薺 7 個取代
芹菜	新鮮飽滿	40g	
蔥	青翠新鮮	20g	
薑	長段無潰爛	60g	不宜細條，需可供切水花片
紅辣椒	表面平整不皺縮不潰爛	1 條	10g 以上 / 條
小黃瓜	不可大彎曲鮮度足	2 條	80g 以上 / 條
大黃瓜	表面平整不皺縮不潰爛	1 截	6 公分長 / 截
紅蘿蔔	表面平整不皺縮不潰爛	1 條	300g 以上 / 條，若為空心須再補發
蒜頭	飽滿無發芽無潰爛	20g	
西芹	整把分單支發放	1 單支	80g 以上 / 支
大里肌肉	完整塊狀鮮度足	150g	切割時去筋膜
仿雞腿	L 腿鮮度足	1 支	300g 以上 / 支

▶ 刀工作品規格卡 - 規格明細

第一階段繳交刀工作品規格（係取自菜名與食材切配依據表所示之成品，只需取出規格明細表所示之種類數量，每一種類的數量皆至少有 3/4 量符合其規定尺寸，其餘作品留待烹調時適量取用）。受評分刀工作品以配菜盤分類盛裝受評，另加兩種盤飾以 2 只瓷盤盛裝擺設。

材料	規格描述（長度單位：公分）	數量	備註
紅蘿蔔水花片	指定 1 款，指定款須參考下列指定圖（形狀大小需可搭配菜餚）厚薄度（0.3～0.4 公分）	6 片以上	
薑水花片	自選 1 款厚薄度（0.3～0.4 公分）	6 片以上	
配合材料擺出兩種盤飾	下頁指定圖 3 選 2	各 1 盤	
乾香菇片	復水去蒂，斜切，寬 2.0～4.0、長度及高（厚）依食材規格	5 朵	
豆干片	長 4.0～6.0，寬 2.0～4.0，高（厚）0.4～0.6	切完	
筍片	長 4.0～6.0，寬 2.0～4.0，高（厚）0.2～0.4，可切菱形片	10 片以上	
筍鬆	長、寬、高（厚）各 0.1～0.3，整齊刀工	40g 以上	
豆薯鬆	長、寬、高（厚）各 0.1～0.3，整齊刀工	切完	
紅蘿蔔鬆	長、寬、高（厚）各 0.1～0.3，整齊刀工	30g 以上	
小黃瓜丁	長、寬、高（厚）各 1.5～2.0，滾刀或菱形狀	連盤飾切完	
西芹片	長 3.0～5.0，寬 2.0～4.0，高（厚）依食材規格，可切菱形片	1 支切完	
雞腿丁	去骨取肉，長、寬、高（厚）各 1.5～2.0	切完	

第二階段烹調說明：請依題意及菜名與食材切配依據表需求自刀工切配作品中適量取用，加入之食材種類不得短少，否則依不符題意處理（即該道菜判定為 60 分以下），水花則依配色或烹調量需求，需有兩款但各款數量不一定要全加。

（1）豆薯炒豬肉鬆

烹調規定	1. 豬肉鬆調味上漿，氽燙或過油皆可 2. 以蒜末爆香，所有鬆狀材料配色調味炒香成鬆菜
烹調法	炒
調味規定	以鹽、醬油、酒、糖、味精、胡椒粉、香油等調味料自選合宜使用
備註	不得油膩濕軟、結糰，豬肉量須占成品 1/2 以上，規定材料不得短少

（2）麻辣溜雞丁

烹調規定	1. 雞丁需調味上漿，氽燙或過油皆可 2. 以花椒粒、蔥段、薑片、蒜片、乾辣椒爆香，配製脆溜汁，與所有材料做成溜菜
烹調法	滑溜
調味規定	以醬油、鹽、酒、烏醋、糖、味精、胡椒粉、香油、太白粉水等調味料自選合宜使用
備註	滑溜菜的外觀，盤上菜餚邊緣有少許稍濃的醬汁，不可呈燴菜狀（汁太多）或濃縮出油，規定材料不得短少

（3）香菇素燴三色

烹調規定	以薑水花片爆香，續炒香菇，下所有材料及紅蘿蔔水花燴煮
烹調法	燴
調味規定	以鹽、醬油、酒、糖、烏醋、味精、胡椒粉、香油、太白粉水等調味料自選合宜地使用
備註	配色均勻，需有燴汁，規定材料不得短少

第一階段：清洗、切配、工作區域清理

☑ 清潔
瓷碗盤 → 配料碗盤盆 → 鍋具 → 烹調用具（菜鏟、炒杓、大漏杓、調味匙、筷子）→ 刀具（即菜刀，其他刀具使用前消毒即可）→ 砧板 → 抹布 → 洗畢歸位

☑ 消毒
刀具、砧板、抹布（例如熱水沸煮、化學法，本題庫選用酒精消毒）

洗滌順序為：		切割順序為：（※ 參考指定水花、盤飾，優先將兩者切出）	
乾貨 → 素-加工食品類 → 葷-加工食品類 → 蔬果類 → 肉類（順序為：牛羊豬雞鴨）→ 蛋類 → 水產類		乾貨 → 素-加工食品類 → 葷-加工食品類 → 蔬果類 → 肉類（順序為：牛羊豬雞鴨）→ 蛋類 → 水產類	
乾貨	洗淨乾辣椒；洗淨花椒粒；乾香菇泡開去蒂	乾貨	乾辣椒切斜段；花椒粒備用；香菇切斜片、切鬆
加工食品（素）	洗淨五香大豆干；桶筍泡水	加工食品（素）	五香大豆干切長片狀；桶筍切片、切鬆
加工食品（葷）	無	加工食品（葷）	無
蔬果類	紅蘿蔔去皮；豆薯去皮；芹菜去尾剝去菜葉；西芹削皮；洗淨小黃瓜、大黃瓜；蔥去蒂頭尾葉；薑去皮；蒜頭去膜；紅辣椒去頭尾	蔬果類	紅蘿蔔切水花片、切鬆；豆薯切鬆；芹菜切粒；西芹切片；小黃瓜切滾刀塊；蔥切斜段，分出蔥白、蔥綠；薑切水花片、切菱形片；蒜頭切片、切末
肉類	洗淨大里肌肉；洗淨仿雞腿	肉類	大里肌肉去筋膜切鬆；仿雞腿去骨，取肉切丁
蛋類	無	蛋類	無
水產類	無	水產類	無

水花及盤飾參考 ▶ 依指定圖完成，可受公評並獲得普遍認同之美感。

受評刀工示範圖檔

指定水花（擇一）

指定盤飾（擇二）

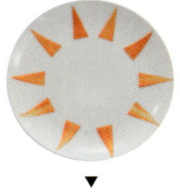

▼ 大黃瓜、小黃瓜、紅辣椒　　▼ 紅蘿蔔　　▼ 大黃瓜

| 盤飾 | ☑ 受評刀工 | 非受評刀工 |

❶ 豆薯炒豬肉鬆 炒

作法：

1. 大里肌肉鬆調味上漿，備用。
2. 準備一鍋滾水，汆燙桶筍鬆（去除酸味），撈起瀝乾。
3. 準備一鍋滾水，汆燙紅蘿蔔鬆、豆薯，撈起瀝乾；準備一鍋滾水，關火放入大里肌肉快速拌開，開火，燙熟後撈起瀝乾。（圖 1～2）
4. 熱鍋加入 2 大匙沙拉油，小火爆香蒜末，加入香菇鬆爆炒，炒香後加入豆薯鬆、紅蘿蔔鬆、桶筍鬆炒勻，加入大里肌肉翻炒均勻。（圖 3）
5. 加入調味料（除了香油）拌炒均勻，起鍋前加入香油、芹菜粒翻炒均勻，即可盛盤。（圖 4）

材料：

乾香菇 2 朵、桶筍 1/2 支、豆薯 1/4 個、紅蘿蔔 1/4 條、芹菜 40g、蒜頭 10g、大里肌肉 150g

調味料：

鹽 1 小匙、糖 1 小匙、胡椒粉 1/4 小匙、米酒 1 小匙、水 15cc、香油 1 大匙

▶ 上漿：鹽 1/4 小匙、水 1 大匙、太白粉 1/4 小匙

| 圖 1 | 圖 2 | 圖 3 | 圖 4 |

302 / 08

第二階段 70 分鐘

302

08

第二階段 70分鐘

❷ 麻辣溜雞丁　滑溜

作法：

1. 仿雞腿丁調味上漿，備用；茨水備妥。
2. 起油鍋至油溫約 180℃，將仿雞腿丁炸熟，撈起瀝乾。（圖1）
3. 準備一鍋滾水，汆燙小黃瓜滾刀塊，撈起瀝乾。
4. 熱鍋加入 1 大匙沙拉油，爆香花椒粒、蔥白段、薑片、蒜片、乾辣椒。（圖2）
5. 加入仿雞腿丁、調味料（除了烏醋）拌炒均勻，加入烏醋、小黃瓜炒勻，以適量太白粉水勾薄茨煮至濃稠，起鍋前加入蔥綠段炒勻，注意盤上菜餚邊緣有少許稍濃的醬汁，滑溜菜不可呈燴菜狀（汁太多）或濃縮出油。（圖3～4）

材料：

乾辣椒 8 條、花椒粒 20 粒、小黃瓜 1 條、蔥 10～20g、薑 30g、蒜頭 10g、仿雞腿 1 支

調味料：

醬油 2 大匙、糖 1 小匙、水 100cc、烏醋 1 大匙、胡椒粉 1/2 小匙

▸ 上漿：鹽 1 小匙、米酒 1 大匙、太白粉 1 大匙、胡椒粉 1/4 小匙

▸ 茨水：太白粉 1 大匙、水 1 大匙

圖1 　圖2 　圖3 　圖4

❸ 香菇素燴三色

作法：

1. 準備一鍋滾水，汆燙豆干片，撈起瀝乾；汆燙桶筍片（去除酸味），撈起瀝乾。
2. 準備一鍋滾水，汆燙紅蘿蔔水花片、西芹片，撈起瀝乾。
3. 芡水備妥；熱鍋加入 1 小匙沙拉油，爆香薑水花片。
4. 加入香菇片續炒，加入調味料與其它材料均勻拌炒，以適量太白粉水勾芡即可。（圖 1～4）

材料：

乾香菇 5 朵、五香大豆干 1/2 塊、桶筍 1/2 支、紅蘿蔔 3/4 條、西芹 1 支、薑 30g

調味料：

鹽 1/2 小匙、米酒 1/4 小匙、水 200cc
▶ 芡水：太白粉 1 大匙、水 1 大匙

圖 1　　圖 2　　圖 3　　圖 4

302-09

❶ 鹹蛋黃炒薯條　　❷ 燴素什錦　　❸ 脆溜荔枝肉

▶ 菜名與食材切配依據

菜餚名稱	主要刀工	烹調法	主材料類別	材料組合	水花款式	盤飾款式
鹹蛋黃炒薯條	條	炸、拌炒	馬鈴薯	鹹蛋黃、馬鈴薯、蔥、蒜頭	參考規格明細	參考規格明細
燴素什錦	片	燴	桶筍	麵筋泡、桶筍、五香大豆干、紅蘿蔔、乾香菇、薑		
脆溜荔枝肉	剞刀厚片	脆溜	大里肌肉	紅糟醬、荸薺、蒜頭、青椒、大里肌肉		

▶ 材料清點卡 - 材料明細

材料	規格描述	重量（數量）	備註
乾香菇	直徑4公分以上	2朵	可於洗鍋具時優先煮水浸泡於乾貨類切割
麵筋泡	效期內	12個	（可以不洗）
桶筍	若為空心或軟爛不足需求量，應檢人可反應更換	1/2支	去除筍尖的實心淨肉至少100g，需縱切檢視才分發，烹調時需去酸味
五香大豆干	完整塊狀鮮度足無酸味	1/2塊	厚度2.0公分以上
鹹蛋黃	不得異味	2個	洗好蒸籠後上蒸
馬鈴薯	無芽眼、潰爛	2個	150g以上/個
蔥	新鮮飽滿	50g	
蒜頭	飽滿無發芽無潰爛	20g	
紅蘿蔔	表面平整不皺縮不潰爛	1條	300g以上/條，若為空心須再補發
薑	長段無潰爛	60g	不宜細條，需可供切水花片
荸薺	去皮鮮度足無潰爛	100g	約6個以上
青椒	表面平整不皺縮不潰爛	1/2個	120g以上/個
紅辣椒	表面平整不皺縮不潰爛	1條	10g以上/條
小黃瓜	不可大彎曲鮮度足	1條	80g以上/條
大黃瓜	表面平整不皺縮不潰爛	1截	6公分長/截
大里肌肉	完整一段可橫紋切大厚片	300g	

▶ 刀工作品規格卡 - 規格明細

刀工　第一階段繳交刀工作品規格（係取自菜名與食材切配依據表所示之成品，只需取出規格明細表所示之種類數量，每一種類的數量皆至少有3/4量符合其規定尺寸，其餘作品留待烹調時適量取用）。受評分刀工作品以配菜盤分類盛裝受評，另加兩種盤飾以2只瓷盤盛裝擺設。

材料	規格描述（長度單位：公分）	數量	備註
紅蘿蔔水花片	指定 1 款，指定款須參考下列指定圖（形狀大小需可搭配菜餚）厚薄度（0.3～0.4公分）	6 片以上	
薑水花片	自選 1 款厚薄度（0.3～0.4 公分）	6 片以上	
配合材料擺出兩種盤飾	下頁指定圖 3 選 2	各 1 盤	
乾香菇片	復水去蒂，斜切，寬 2.0～4.0、長度及高（厚）依食材規格	切完	
筍片	長 4.0～6.0，寬 2.0～4.0，高（厚）0.2～0.4，可切菱形片	10 片以上	
豆干片	長 4.0～6.0，寬 2.0～4.0，高（厚）0.4～0.6	切完	
馬鈴薯條	寬、高（厚）各為 0.5～1.0，長 4.0～6.0	切完	
蔥花	長、寬、高（厚）各為 0.2～0.4	30g	
蒜末	直徑 0.3 以下碎末	5g 以上	
青椒片	長 3.0～5.0，寬 2.0～4.0，高（厚）依食材規格，可切菱形片	切完	
荔枝肉球	剞切菊花花刀間隔為 0.5～1.0	切完	去筋膜

烹調指引卡

第二階段烹調說明：請依題意及菜名與食材切配依據表需求自刀工切配作品中適量取用，加入之食材種類不得短少，否則依不符題意處理（即該道菜判定為 60 分以下），水花則依配色或烹調量需求，需有兩款但各款數量不一定要全加。

（1）鹹蛋黃炒薯條

烹調規定	1. 薯條沾麵糊，炸至酥脆 2. 將鹹蛋黃炒散，以蒜末、蔥花爆香，拌合薯條
烹調法	炸、拌炒
調味規定	以鹽、酒、糖、味精、香油、麵粉、太白粉、地瓜粉、泡打粉、油等調味料自選合宜使用
備註	1. 蒸籠洗淨後，可先將蛋黃蒸熟 2. 拌合後鹹蛋黃末須包裹附於薯條表面，規定材料不得短少

（2）燴素什錦

烹調規定	以薑水花片爆香，下所有材料（含紅蘿蔔水花）勾燴芡而起
烹調法	燴
調味規定	以鹽、醬油、酒、烏醋、白醋、糖、味精、胡椒粉、香油、太白粉水等調味料自選合宜使用
備註	需有燴汁，規定材料不得短少

（3）脆溜荔枝肉

烹調規定	1. 肉片調味紅糟後，沾乾粉炸熟 2. 以蒜片爆香，入調味汁，勾包芡，下配料拌合而起
烹調法	脆溜
調味規定	紅糟、醬油、鹽、酒、番茄醬、白醋、糖、味精、胡椒粉、香油、太白粉水、麵粉、太白粉、地瓜粉等料自選合宜使用
備註	為球狀或微為捲球（筒）狀，盤中不得有過多的醬汁積留，規定材料不得短少

第一階段：清洗、切配、工作區域清理

☑ 清潔
瓷碗盤 → 配料碗盤盆 → 鍋具 → 烹調用具（菜鏟、炒杓、大漏杓、調味匙、筷子）→ 刀具（即菜刀，其他刀具使用前消毒即可）→ 砧板 → 抹布 → 洗畢歸位

☑ 消毒
刀具、砧板、抹布（例如熱水沸煮、化學法，本題庫選用酒精消毒）

洗滌順序為：		切割順序為：（※ 參考指定水花、盤飾，優先將兩者切出）	
乾貨 → 素-加工食品類 → 葷-加工食品類 → 蔬果類 → 肉類（順序為：牛羊豬雞鴨）→ 蛋類 → 水產類		乾貨 → 素-加工食品類 → 葷-加工食品類 → 蔬果類 → 肉類（順序為：牛羊豬雞鴨）→ 蛋類 → 水產類	
乾貨	乾香菇泡開去蒂	乾貨	香菇切片
加工食品（素）	略洗麵筋；桶筍泡水；洗淨五香大豆干	加工食品（素）	麵筋泡軟瀝乾；桶筍切片；五香大豆干切片
加工食品（葷）	略洗鹹蛋黃	加工食品（葷）	鹹蛋黃蒸熟壓碎
蔬果類	紅蘿蔔去皮；馬鈴薯去皮；洗淨荸薺；青椒去蒂洗淨；蔥去蒂頭尾葉；薑去皮；蒜頭去膜；洗淨小黃瓜、大黃瓜；紅辣椒去頭尾	蔬果類	紅蘿蔔切水花片；馬鈴薯切長條泡水；荸薺對切；青椒切菱形片；蔥切蔥花，分出蔥白、蔥綠；薑切水花片；蒜頭切片、切末
肉類	洗淨大里肌肉	肉類	大里肌肉去筋膜，剞切菊花花刀
蛋類	無	蛋類	無
水產類	無	水產類	無

水花及盤飾參考 ▶ 依指定圖完成，可受公評並獲得普遍認同之美感。

指定水花（擇一）

指定盤飾（擇二）
▼ 大黃瓜、小黃瓜、紅辣椒
▼ 大黃瓜
▼ 大黃瓜、紅辣椒

盤飾 	☑ 受評刀工 	非受評刀工 

❶ 鹹蛋黃炒薯條　炸、拌炒

作法：

1. 調勻麵糊，醒麵 15 分鐘備用。
2. 起油鍋至油溫約 180°C，馬鈴薯條沾裹麵糊炸至熟且酥脆，撈起瀝乾。（圖 1）
3. 熱鍋加入 1 小匙沙拉油，將鹹蛋黃炒散，炒出油脂。（圖 2～3）
4. 加入蒜末、蔥白花爆香，加入馬鈴薯條拌勻，加入調味料、蔥綠花拌炒均勻。（圖 4）

材料：

鹹蛋黃 2 個、馬鈴薯 2 顆、蔥 30g、蒜頭 10g

調味料：

鹽 1/4 小匙、糖 1/4 小匙

▶ 麵糊：麵粉 5 大匙、太白粉 5 大匙、水 9 大匙、沙拉油 3 大匙、泡打粉 1 小匙

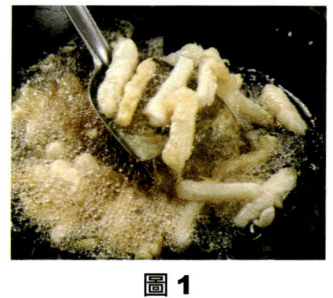

圖 1 　圖 2 　圖 3 　圖 4

第二階段　70 分鐘

302 / 09

❷ 燴素什錦　燴

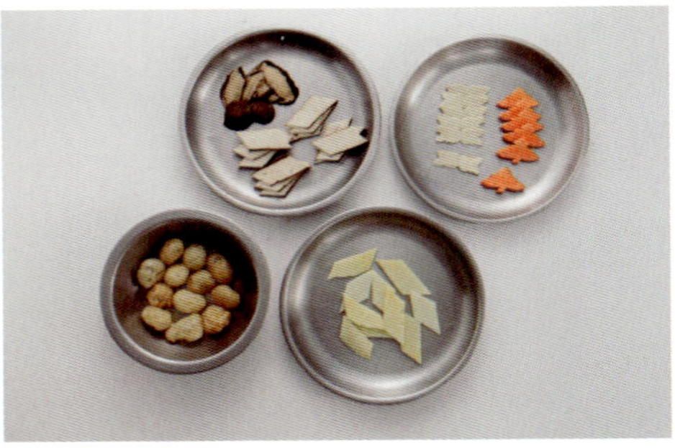

作法：

1. 準備一鍋滾水，汆燙桶筍（去除酸味），撈起瀝乾；芡水備妥。
2. 準備一鍋滾水，快速汆燙麵筋，撈起瀝乾；汆燙五香大豆干、紅蘿蔔水花片，撈起瀝乾。（圖1）
3. 熱鍋加入1小匙沙拉油，爆香薑水花片。（圖2）
4. 加入調味料（除了香油）、其餘材料燴煮，以適量太白粉水勾薄芡，起鍋前加入香油，注意需有燴汁盛盤。（圖3～4）

材料：

乾香菇2朵、麵筋泡12個、桶筍1/2支、五香大豆干1/2塊、紅蘿蔔1條、薑60g

調味料：

鹽1/2小匙、醬油2大匙、水200cc、胡椒粉1/2小匙、糖1小匙、香油1大匙
▶芡水：太白粉1大匙、水1大匙

圖1 　　圖2 　　圖3 　　圖4

❸ 脆溜荔枝肉　脆溜

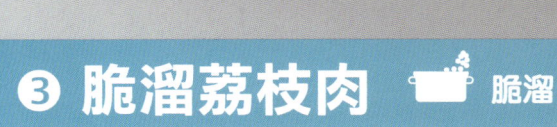

作法：

1. 大里肌肉與醃料醃至入味，約 5 分鐘。（圖 1）
2. 將醃好的大里肌肉剝開，均勻沾裹調和粉；芡水備妥。（圖 2）
3. 起油鍋至油溫約 180℃，將均勻沾裹調和粉的大里肌肉入鍋油炸，炸至金黃撈起瀝乾。
4. 準備一鍋滾水，汆燙荸薺，燙熟撈起瀝乾。
5. 熱鍋加入 1 大匙沙拉油，爆香蒜片，加入調味料煮勻，加入荸薺拌炒，以適量太白粉水勾薄芡，加入大里肌肉拌炒均勻，加入青椒拌炒均勻，成品需為球狀或微微捲球狀（筒狀），盤中不得有過多的醬汁積留。（圖 3～4）

材料：

荸薺 6 顆、蒜頭 10g、青椒 1/2 個、大里肌肉 300g

調味料：

水 200cc、番茄醬 1 大匙、白醋 1 大匙、糖 1 大匙、香油 1 小匙

▸ 醃料：紅酒糟 1 大匙、米酒 1 小匙
▸ 調和粉：麵粉 2 大匙、太白粉 2 大匙
▸ 芡水：太白粉 1 大匙、水 1 大匙

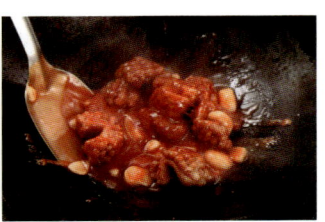

圖 1　　圖 2　　圖 3　　圖 4

302 / 09

第二階段　70 分鐘

302-10

① 滑炒三椒雞柳　　② 酒釀魚片　　③ 麻辣金銀蛋

▶ 菜名與食材切配依據

菜餚名稱	主要刀工	烹調法	主材料類別	材料組合	水花款式	盤飾款式
滑炒三椒雞柳	柳	炒、滑炒	雞胸肉	青椒、紅甜椒、黃甜椒、蒜頭、雞胸肉		
酒釀魚片	片	滑溜	吳郭魚	酒釀、乾木耳、小黃瓜、紅蘿蔔、蒜頭、薑、吳郭魚	參考規格明細	參考規格明細
麻辣金銀蛋	塊	炒	皮蛋 熟鹹蛋	炸花生、乾辣椒、花椒粒、皮蛋、熟鹹蛋、蒜頭、蔥		

▶ 材料清點卡 - 材料明細

材料	規格描述	重量（數量）	備註
乾木耳	大片無長黴切片用	1 大片	5g/大片，可於洗鍋具時優先煮水浸泡於乾貨類切割
乾辣椒	條狀無霉味	8 條	
炸花生	無油耗味	20g	
皮蛋	合格廠商效期內腐壞可更換	4 個	
熟鹹蛋	合格廠商效期內腐壞可更換	1 個	
青椒	表面平整不皺縮不潰爛	1/2 個	120g 以上 / 個
紅甜椒	表面平整不皺縮不潰爛	1/3 個	150g 以上 / 個
黃甜椒	表面平整不皺縮不潰爛	1/3 個	150g 以上 / 個
蒜頭	飽滿無發芽無潰爛	30g	
紅辣椒	表面平整不皺縮不潰爛	1 條	10g 以上 / 條
蔥	新鮮飽滿	30g 以上	
小黃瓜	不可大彎曲鮮度足	2 條	80g 以上 / 條
大黃瓜	表面平整不皺縮不潰爛	1 截	6 公分長 / 截
紅蘿蔔	表面平整不皺縮不潰爛	1 條	300g 以上 / 條，若為空心須再補發
薑	長段無潰爛	50g	不宜細條，需可供切水花片
雞胸肉	帶骨帶皮，鮮度足	1/2 付	360g 以上 / 付
吳郭魚	體形完整鮮度足未處理	1 隻	600g 以上 / 隻，非活魚

▶ 刀工作品規格卡 - 規格明細

第一階段繳交刀工作品規格（係取自菜名與食材切配依據表所示之成品，只需取出規格明細表所示之種類數量，每一種類的數量皆至少有 3/4 量符合其規定尺寸，其餘作品留待烹調時適量取用）。受評分刀工作品以配菜盤分類盛裝受評，另加兩種盤飾以 2 只瓷盤盛裝擺設。

材料	規格描述（長度單位：公分）	數量	備註
紅蘿蔔水花片	指定1款，指定款須參考下列指定圖（形狀大小需可搭配菜餚）厚薄度（0.3～0.4公分）	6片以上	
薑水花片	自選1款厚薄度（0.3～0.4公分）	6片以上	
配合材料擺出兩種盤飾	下頁指定圖3選2	各1盤	
木耳片	長3.0～5.0，寬2.0～4.0，高（厚）依食材規格，可切菱形片	6片以上	
蒜片	高（厚）0.2～0.4，長、寬依食材規格	切完	三道菜用
青椒條	寬0.5～1.0，長4.0～6.0，高（厚）依食材規格	切完	
紅甜椒條	寬0.5～1.0，長4.0～6.0，高（厚）依食材規格	切完	
黃甜椒條	寬0.5～1.0，長4.0～6.0，高（厚）依食材規格	切完	
小黃瓜片	長4.0～6.0，寬2.0～4.0，高（厚）0.2～0.4，可切菱形片	6片以上	綠皮部分可用
雞柳	寬、高（厚）各為1.2～1.8，長5.0～7.0	切完	規格不足可用
魚片	長4.0～6.0，寬2.0～4.0，高（厚）0.8～1.5	切完	頭尾勿丟棄，成品用

烹調指引卡

第二階段烹調說明：請依題意及菜名與食材切配依據表需求自刀工切配作品中適量取用，加入之食材種類不得短少，否則依不符題意處理（即該道菜判定為60分以下），水花則依配色或烹調量需求，需有兩款但各款數量不一定要全加。

（1）滑炒三椒雞柳

烹調規定	1. 雞柳需調味上漿，與三椒汆燙、過油皆可 2. 以蒜片爆香，所有配料調味炒成菜
烹調法	炒、滑炒
調味規定	以鹽、酒、糖、味精、胡椒粉、粗黑胡椒粉、香油、太白粉水等調味料自選合宜使用
備註	油汁不得過多，規定材料不得短少

（2）酒釀魚片

烹調規定	1. 魚片需調味上漿、沾乾粉炸酥 2. 以薑水花、蒜片爆香，與所有配料包含適量之紅蘿蔔水花片滑溜成菜 3. 頭尾炸酥，全魚排盤呈現
烹調法	滑溜
調味規定	以酒釀、鹽、酒、白醋、糖、味精、胡椒粉、香油、太白粉水等調味料自選合宜使用，規定材料不得短少
備註	魚片的破碎不得超過1/3之魚片總量

（3）麻辣金銀蛋

烹調規定	1. 鹹蛋、皮蛋可蒸可煮，1粒切4塊 2. 沾乾粉炸酥 3. 以花椒粒、蒜片、蔥段、乾辣椒爆香，入材料炒成菜
烹調法	炒
調味規定	以醬油、烏醋、酒、糖、味精、胡椒粉、香油等調味料自選合宜使用
備註	成品塊狀須完整，不得破碎，成品無湯汁，規定材料不得短少

第一階段：清洗、切配、工作區域清理

☑ **清潔**

瓷碗盤 → 配料碗盤盆 → 鍋具 → 烹調用具（菜鏟、炒杓、大漏杓、調味匙、筷子）→ 刀具（即菜刀，其他刀具使用前消毒即可）→ 砧板 → 抹布 → 洗畢歸位

☑ **消毒**

刀具、砧板、抹布（例如熱水沸煮、化學法，本題庫選用酒精消毒）

洗滌順序為：		切割順序為：（※ 參考指定水花、盤飾，優先將兩者切出）	
乾貨 → 素-加工食品類 → 葷-加工食品類 → 蔬果類 → 肉類（順序為：牛羊豬雞鴨）→ 蛋類 → 水產類		乾貨 → 素-加工食品類 → 葷-加工食品類 → 蔬果類 → 肉類（順序為：牛羊豬雞鴨）→ 蛋類 → 水產類	
乾貨	乾木耳泡開；洗淨乾辣椒；洗淨花椒粒	乾貨	木耳切片；乾辣椒切小段；花椒粒
加工食品（素）	無	加工食品（素）	無
加工食品（葷）	洗淨皮蛋外殼；洗淨鹹蛋外殼	加工食品（葷）	皮蛋蒸熟剝殼切塊；鹹蛋蒸熟剝殼切塊
蔬果類	紅蘿蔔去皮；青椒、黃甜椒、紅甜椒去蒂頭去籽；洗淨小黃瓜、大黃瓜；蔥去蒂頭尾葉；薑去皮；蒜頭去膜；紅辣椒去頭尾	蔬果類	紅蘿蔔切水花片；青椒、黃椒、紅椒切條；小黃瓜切菱形片；蔥切段，分出蔥白蔥綠；薑切水花片；蒜頭切片
肉類	洗淨雞胸肉去皮骨	肉類	雞胸肉切柳條
蛋類	無	蛋類	無
水產類	吳郭魚三去，去除魚鱗、內臟、魚鰓洗淨	水產類	吳郭魚去骨，去皮片下魚肉，切厚長片狀，剖開魚頭，與魚尾修飾備用

水花及盤飾參考 ▶ 依指定圖完成，可受公評並獲得普遍認同之美感。

受評刀工示範圖檔 ▶

指定水花（擇一）

指定盤飾（擇一）
▼ 小黃瓜　　▼ 大黃瓜、小黃瓜、紅辣椒　　▼ 大黃瓜、紅辣椒

盤飾 	☑ 受評刀工 	非受評刀工 

302 — 10

第二階段　70分鐘

❶ 滑炒三椒雞柳　炒、滑炒

作法：

1. 雞胸肉柳條調味上漿，備用；芡水備妥。
2. 準備一鍋滾水，汆燙青椒、紅甜椒、黃甜椒，撈起瀝乾；準備一鍋滾水，關火放入雞胸肉柳條快速拌開，開火，燙熟後撈起瀝乾。
3. 起鍋加入 1 大匙沙拉油，爆香蒜片，加入所有材料炒勻。（圖 1 ～ 2）
4. 加入調味料拌炒均勻，以適量太白粉水勾薄芡即可。（圖 3 ～ 4）

材料：

青椒 1/2 個、紅甜椒 1/3 個、黃甜椒 1/3 個、蒜頭 10g、雞胸肉 1/2 付

調味料：

鹽 1/4 小匙、糖 1 小匙、香油 1/4 小匙、水 50cc

▶ 上漿：鹽 1/2 小匙、胡椒粉 1/4 小匙、米酒 1 大匙、太白粉 1 大匙
▶ 芡水：太白粉 1 大匙、水 1 大匙

圖 1　　圖 2　　圖 3　　圖 4

❷ 酒釀魚片　滑溜

作法：

1. 魚頭、魚尾、魚片上漿調味，沾裹乾粉備用；芡水備妥。
2. 準備一鍋滾水，汆燙木耳，撈起瀝乾；汆燙紅蘿蔔、小黃瓜撈起瀝乾。
3. 起油鍋至油溫約 180℃，加入魚片炸酥撈起瀝乾，再入頭尾炸酥撈起備用。（圖1）
4. 熱鍋加入 1 大匙沙拉油，爆香薑水花片、蒜片，加入木耳、紅蘿蔔、調味料煮滾，以適量太白粉水勾薄芡，煮至醬汁濃稠，加入魚片、小黃瓜迅速拌炒均勻，盛起。（圖 2～4）
5. 將魚頭魚尾整齊排放入盤中，以全魚排盤。

材料：

乾木耳 1 大片、小黃瓜 1 條、紅蘿蔔 1 條、蒜頭 10g、薑 50g、吳郭魚 1 條（約 600g）

調味料：

酒釀 2 大匙、白醋 1 大匙、米酒 1 小匙、水 150cc、糖 1 小匙、香油 1 小匙、鹽 1/2 小匙

▸ 上漿：鹽 1/4 小匙、米酒 1 大匙、胡椒粉 1/4 小匙、太白粉 1 大匙
▸ 乾粉：麵粉 2 大匙、太白粉 2 大匙
▸ 芡水：太白粉 1 大匙、水 1 大匙

圖 1 　　圖 2 　　圖 3 　　圖 4

302-10

第二階段 70分鐘

❸ 麻辣金銀蛋　炒

作法：

1. 將蒸熟的皮蛋、鹹鴨蛋放冷；蛋塊沾上乾粉備用。
2. 起油鍋至油溫約180℃，將蛋塊炸酥，撈起瀝乾。（圖1）
3. 熱鍋加入1大匙沙拉油，爆香花椒粒、蒜片、蔥白段、乾辣椒，加入調味料煮勻。（圖2）
4. 加入蛋塊、炸花生、蔥綠段拌抄均勻，注意成品塊狀須完整，不得破碎，成品無湯汁。（圖3～4）

材料：

皮蛋4顆、鹹鴨蛋1顆、蒜頭10g、蔥20g、炸花生20g、乾辣椒8條、花椒粒5g

調味料：

糖1大匙、醬油2大匙、香油1小匙、烏醋1大匙、米酒1大匙、水100cc

▶ 乾粉：麵粉3大匙、太白粉3大匙

圖1 　　圖2 　　圖3 　　圖4

302-11

❶ 黑胡椒溜雞片　　❷ 蔥燒豆腐　　❸ 三椒炒肉絲

▶ 菜名與食材切配依據

菜餚名稱	主要刀工	烹調法	主材料類別	材料組合	水花款式	盤飾款式
黑胡椒溜雞片	片	滑溜	雞胸肉	粗黑胡椒粉、蒜頭、西芹、洋蔥、雞胸肉		
蔥燒豆腐	片	紅燒	板豆腐	板豆腐、紅蘿蔔、蔥、蒜頭、薑	參考規格明細	參考規格明細
三椒炒肉絲	絲	炒、爆炒	大里肌肉	青椒、紅甜椒、黃甜椒、薑、蒜頭、大里肌肉		

▶ 材料清點卡 - 材料明細

材料	規格描述	重量（數量）	備註
板豆腐	老豆腐，不得有酸味	400g 以上	注意保存
西芹	整把分單支發放	1 單支以上	80g 以上
洋蔥	飽滿無潰爛無黑心	1/4 個	250g 以上 / 個
紅蘿蔔	表面平整不皺縮不潰爛	1 條	300g 以上 / 條，若為空心須再補發
蔥	新鮮飽滿	80g	
蒜頭	飽滿無發芽無潰爛	30g	
薑	長段無潰爛	100g	不宜細條，需可供切絲、水花片
青椒	表面平整不皺縮不潰爛	1/2 個	120g 以上 / 個
紅甜椒	表面平整不皺縮不潰爛	1/3 個	150g 以上 / 個
黃甜椒	表面平整不皺縮不潰爛	1/3 個	150g 以上 / 個
紅辣椒	表面平整不皺縮不潰爛	1 條	10g 以上 / 條
大黃瓜	表面平整不皺縮不潰爛	1 截	6公分長 / 截
大里肌肉	完整塊狀鮮度足可供橫紋切絲	180g	
雞胸肉	帶骨帶皮，鮮度足	1/2 付	360g 以上 / 付

▶ 刀工作品規格卡 - 規格明細

刀工 第一階段繳交刀工作品規格（係取自菜名與食材切配依據表所示之成品，只需取出規格明細表所示之種類數量，每一種類的數量皆至少有 3/4 量符合其規定尺寸，其餘作品留待烹調時適量取用）。受評分刀工作品以配菜盤分類盛裝受評，另加兩種盤飾以 2 只瓷盤盛裝擺設。

材料	規格描述（長度單位：公分）	數量	備註
紅蘿蔔水花片	指定1款，指定款須參考下列指定圖（形狀大小需可搭配菜餚）厚薄度（0.3～0.4公分）	6片以上	
薑水花片	自選1款厚薄度（0.3～0.4公分）	6片以上	
配合材料擺出兩種盤飾	下頁指定圖3選2	各1盤	
豆腐片	長4.0～6.0，寬2.0～4.0，高（厚）0.8～1.5	切完	
西芹片	長3.0～5.0，寬2.0～4.0，高（厚）依食材規格，可切菱形片	整支切完	
洋蔥片	長3.0～5.0，寬2.0～4.0，高（厚）依食材規格，可切菱形片	20g以上	
蔥段	長3.0～5.0直段或斜段	50g以上	
青椒絲	寬、高（厚）各為0.2～0.4，長4.0～6.0	切完	
紅甜椒絲	寬、高（厚）各為0.2～0.4，長4.0～6.0	切完	
黃甜椒絲	寬、高（厚）各為0.2～0.4，長4.0～6.0	切完	
里肌肉絲	寬、高（厚）各為0.2～0.4，長4.0～6.0	切完	去筋膜
雞片	長4.0～6.0，寬2.0～4.0，高（厚）0.4～0.6	切完	

第二階段烹調說明：請依題意及菜名與食材切配依據表需求自刀工切配作品中適量取用，加入之食材種類不得短少，否則依不符題意處理（即該道菜判定為60分以下），水花則依配色或烹調量需求，需有兩款但各款數量不一定要全加。

（1）黑胡椒溜雞片

烹調規定	1. 雞片需調味上漿，汆燙或過油皆可 2. 以蒜片、洋蔥片炒香，與所有材料溜成菜
烹調法	滑溜
調味規定	以醬油、鹽、酒、糖、味精、粗黑胡椒粒、香油、太白粉水等調味料自選合宜使用
備註	1. 是滑溜（汁稍濃而少）而非燴菜，故醬汁不得似燴汁 2. 規定材料不得短少

（2）蔥燒豆腐

烹調規定	1. 豆腐炸上色或煎雙面上色皆可 2. 以蔥段、薑水花、蒜片爆香，入紅蘿蔔水花、豆腐燒入味後，以淡芡收汁即可
烹調法	紅燒
調味規定	以醬油、鹽、酒、糖、味精、胡椒粉、香油、太白粉水等調味料自選合宜使用
備註	不得破碎，需上色有燒汁，焦黑不得超過10%，規定材料不得短少

（3）三椒炒肉絲

烹調規定	1. 肉絲需調味上漿，與三椒絲汆燙或過油 2. 以薑絲、蒜片爆香，與配料合炒完成
烹調法	炒、爆炒
調味規定	以鹽、酒、糖、味精、胡椒粉、香油、太白粉水等調味料自選合宜使用
備註	規定材料不得短少

第一階段：清洗、切配、工作區域清理

☑ 清潔
瓷碗盤 → 配料碗盤盆 → 鍋具 → 烹調用具（菜鏟、炒杓、大漏杓、調味匙、筷子）→ 刀具（即菜刀，其他刀具使用前消毒即可）→ 砧板 → 抹布 → 洗畢歸位

☑ 消毒
刀具、砧板、抹布（例如熱水沸煮、化學法，本題庫選用酒精消毒）

洗滌順序為：		切割順序為：（※ 參考指定水花、盤飾，優先將兩者切出）	
乾貨 → 素-加工食品類 → 葷-加工食品類 → 蔬果類 → 肉類（順序為：牛羊豬雞鴨）→ 蛋類 → 水產類		乾貨 → 素-加工食品類 → 葷-加工食品類 → 蔬果類 → 肉類（順序為：牛羊豬雞鴨）→ 蛋類 → 水產類	
乾貨	無	乾貨	無
加工食品（素）	洗淨板豆腐	加工食品（素）	板豆腐切厚片
加工食品（葷）	無	加工食品（葷）	無
蔬果類	紅蘿蔔去皮；西芹削皮；青椒、紅甜椒、黃甜椒去蒂頭去籽；蔥去蒂頭尾葉；洋蔥去頭尾剝皮；薑去皮；蒜頭去膜；洗淨小黃瓜、大黃瓜；紅辣椒去頭尾	蔬果類	紅蘿蔔切水花片、切菱形片；西芹切片；青椒、紅甜椒、黃甜椒切絲；蔥切斜段；洋蔥切菱形片；薑切水花片、切絲；蒜頭切片
肉類	洗淨大里肌肉；洗淨雞胸肉去皮骨	肉類	大里肌肉去筋膜切絲；雞胸肉切片
蛋類	無	蛋類	無
水產類	無	水產類	無

水花及盤飾參考 ▶ 依指定圖完成，可受公評並獲得普遍認同之美感。

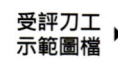

指定水花（擇一）

指定盤飾（擇一）
▼ 大黃瓜、紅辣椒　　▼ 大黃瓜　　▼ 大黃瓜、紅辣椒

盤飾 	☑ 受評刀工 	非受評刀工 

❶ 黑胡椒溜雞片　滑溜

302 / 11　第二階段　70分鐘

作法：

1. 雞胸肉片調味上漿，備用；芡水備妥。
2. 準備一鍋滾水，汆燙紅蘿蔔、西芹，撈起瀝乾；準備一鍋滾水，關火放入雞胸肉片快速拌開，開火，燙熟後撈起瀝乾。（圖1）
3. 起鍋加入1大匙沙拉油，爆香蒜片、洋蔥，加入調味料（除了香油）、雞胸肉片炒勻，加入西芹、紅蘿蔔片拌炒均勻。（圖2～3）
4. 以適量太白粉水勾薄芡，起鍋前加入香油，注意滑溜汁稍濃而少，汁不可過多。（圖4）

材料：

蒜頭10g、西芹1支、洋蔥1/4個、紅蘿蔔1/4條、雞胸肉1/2付

調味料：

醬油2大匙、糖1大匙、粗黑胡椒粒1/2大匙、香油1大匙、水100cc、米酒1小匙

▶ 上漿：鹽1/4小匙、米酒1小匙、太白粉1大匙

▶ 芡水：太白粉1大匙、水1大匙

圖1 　　圖2 　　圖3 　　圖4

蔥燒豆腐　　🍲 紅燒

第二階段　70分鐘

作法：

1. 準備一鍋滾水，汆燙紅蘿蔔水花片，撈起瀝乾；芡水備妥。
2. 起油鍋至油溫約 180°C，將板豆腐炸至定型金黃，撈起瀝乾。（圖 1）
3. 熱鍋加入 1 大匙沙拉油，爆香蔥白段、薑水花片、蒜片，放入板豆腐、紅蘿蔔水花片、調味料 (除了香油) 燒煮入味。（圖 2～3）
4. 以適量太白粉水勾薄芡收汁，起鍋前加入蔥綠段、香油煮勻。（圖 4）

材料：

板豆腐 400g、蔥 1 支、蒜頭 10g、薑 80g、紅蘿蔔 3/4 條

調味料：

醬油 2 大匙、水 100cc、糖 1 大匙、胡椒粉 1/4 小匙、米酒 1 大匙、香油 1 大匙

▶ 芡水：太白粉 1 大匙、水 1 大匙

圖 1 　　圖 2 　　圖 3 　　圖 4

❸ 三椒炒肉絲　炒、爆炒

作法：

1. 大里肌肉絲上漿調味；芡水備妥。
2. 準備一鍋滾水，汆燙青椒、紅甜椒、黃甜椒，撈起瀝乾。
3. 準備一鍋滾水，關火放入大里肌肉絲快速拌開，開火，燙熟後撈起瀝乾。(圖1)
4. 熱鍋加入1大匙沙拉油，爆香薑絲、蒜片，放入所有材料炒勻，放入調味料拌炒均勻，以適量太白粉水勾薄芡收汁。(圖2～4)

材料：

青椒1/2個、紅甜椒1/3個、黃甜椒1/3個、大里肌肉180g、蒜頭10g、薑20g

調味料：

鹽1/2小匙、糖1小匙、胡椒粉1/4小匙、香油1大匙、水60cc

▶ 上漿：鹽1/4小匙、米酒1大匙、太白粉1大匙

▶ 芡水：太白粉1大匙、水1大匙

圖1　　圖2　　圖3　　圖4

❶ 馬鈴薯燒排骨　❷ 香菇蛋酥燜白菜　❸ 五彩杏菇丁

▶ 菜名與食材切配依據

菜餚名稱	主要刀工	烹調法	主材料類別	材料組合	水花款式	盤飾款式
馬鈴薯燒排骨	塊	燒	小排骨	馬鈴薯、紅蘿蔔、蔥、薑、蒜頭、小排骨		
香菇蛋酥燜白菜	片、塊	燜煮	香菇 大白菜	蝦米、乾香菇、扁魚、大白菜、紅蘿蔔、蒜頭、雞蛋	參考規格明細	參考規格明細
五彩杏菇丁	丁	炒、爆炒	杏鮑菇	乾香菇、桶筍、杏鮑菇、紅蘿蔔、小黃瓜、紅辣椒、蒜頭、大里肌肉		

▶ 材料清點卡 - 材料明細

材料	規格描述	重量（數量）	備註
乾香菇	直徑 4.0 公分以上	6 朵	可於洗鍋具時優先煮水浸泡於乾貨類切割
扁魚	無異味	2 片	
蝦米	紮實無異味	15g	
桶筍	若為空心或軟爛不足需求量，應檢人可反應更換	1/2 支	去除筍尖的實心淨肉至少 100g，需縱切檢視才分發，烹調時需去酸味
馬鈴薯	無芽眼、潰爛	1 個	150g 以上 / 個
紅蘿蔔	表面平整不皺縮不潰爛	1 條	300g 以上 / 條，若為空心須再補發
蔥	新鮮飽滿	50g	
薑	長段無潰爛	20g	需可切片
大白菜	飽滿結實，不得鬆軟無心，光鮮無潰爛，用剩回收	1 個	500g 以上 / 個，不可有綠葉
杏鮑菇	形大結實飽滿	1 支以上	100g 以上 / 支
紅辣椒	表面平整不皺縮不潰爛	1 條	10g 以上 / 條
小黃瓜	不可大彎曲鮮度足	2 條	80g 以上 / 條
大黃瓜	表面平整不皺縮不潰爛	1 截	6 公分長 / 截
蒜頭	飽滿無發芽無潰爛	30g	
小排骨	需為多肉的小排骨，鮮度足	300g	未剁塊，不可使用龍骨排
大里肌肉	完整塊狀鮮度足可供切丁	150g	
雞蛋	外形完整鮮度足	2 個	

▶ 刀工作品規格卡 - 規格明細

第一階段繳交刀工作品規格（係取自菜名與食材切配依據表所示之成品，只需取出規格明細表所示之種類數量，每一種類的數量皆至少有 3/4 量符合其規定尺寸，其餘作品留待烹調時適量取用）。受評分刀工作品以配菜盤分類盛裝受評，另加兩種盤飾以 2 只瓷盤盛裝擺設。

材料	規格描述（長度單位：公分）	數量	備註
紅蘿蔔水花片兩款	自選 1 款及指定 1 款，指定款須參考下列指定圖（形狀大小需可搭配菜餚）厚薄度（0.3～0.4 公分）	各 6 片以上	
配合材料擺出兩種盤飾	下頁指定圖 3 選 2	各 1 盤	
乾香菇片	復水去蒂，斜切，寬 2.0～4.0、長度及高（厚）依食材規格	4 朵	
筍丁	長、寬、高（厚）各 0.8～1.2	切完	
蔥段	長 3.0～5.0 直段或斜段	30g 以上	
馬鈴薯滾刀塊	邊長 2.0～4.0 的滾刀塊	切完	
杏鮑菇丁	長、寬、高（厚）各 0.8～1.2	切完	
紅蘿蔔丁	長、寬、高（厚）各 0.8～1.2	40g 以上	
小黃瓜丁	長、寬、高（厚）各 0.8～1.2	連盤飾切完	
里肌肉丁	長、寬、高（厚）各 0.8～1.2	80g 以上	去筋膜
小排骨塊	邊長 2.0～4.0 的不規則塊狀，須帶骨	剁完	

第二階段烹調說明：請依題意及菜名與食材切配依據表需求自刀工切配作品中適量取用，加入之食材種類不得短少，否則依不符題意處理（即該道菜判定為 60 分以下），水花則依配色或烹調量需求，需有兩款但各款數量不一定要全加。

（1）馬鈴薯燒排骨

烹調規定	1. 排骨需調味上漿、馬鈴薯、紅蘿蔔皆炸表面上色 2. 以蔥段、薑片、蒜片爆香，所有材料燒至軟透
烹調法	燒
調味規定	以鹽、醬油、酒、糖、味精、胡椒粉、香油、太白粉水等調味料自選合宜使用
備註	需有燒汁，不得濃稠出油，規定材料不得短少

（2）香菇蛋酥燜白菜

烹調規定	1. 白菜切塊汆燙至熟 2. 將全蛋液炸成蛋酥 3. 以蝦米、蒜片、香菇爆香，入白菜、蛋酥、扁魚與水花片燒至入味
烹調法	燜煮
調味規定	以鹽、醬油、酒、糖、味精、胡椒粉、香油、太白粉水等調味料自選合宜使用
備註	1. 扁魚須炸香酥 2. 蛋酥須成絲狀不得成糰，大白菜須軟且入味，規定材料不得短少

（3）五彩杏菇丁

烹調規定	1. 肉丁需調味上漿，汆燙或過油皆可 2. 以蒜片爆香，以炒烹調法完成
烹調法	炒、爆炒
調味規定	以鹽、酒、糖、味精、胡椒粉、香油、太白粉水等調味料自選合宜使用
備註	規定材料不得短少

302-12

第一階段：清洗、切配、工作區域清理

第一階段 90分鐘

☑ 清潔
瓷碗盤 → 配料碗盤盆 → 鍋具 → 烹調用具（菜鏟、炒杓、大漏杓、調味匙、筷子）→ 刀具（即菜刀，其他刀具使用前消毒即可）→ 砧板 → 抹布 → 洗畢歸位

☑ 消毒
刀具、砧板、抹布（例如熱水沸煮、化學法，本題庫選用酒精消毒）

洗滌順序為：		切割順序為：（※ 參考指定水花、盤飾，優先將兩者切出）	
乾貨 → 素-加工食品類 → 葷-加工食品類 → 蔬果類 → 肉類（順序為：牛羊豬雞鴨）→ 蛋類 → 水產類		乾貨 → 素-加工食品類 → 葷-加工食品類 → 蔬果類 → 肉類（順序為：牛羊豬雞鴨）→ 蛋類 → 水產類	
乾貨	洗淨蝦米；乾香菇泡開去蒂；洗淨扁魚	乾貨	蝦米備用；香菇切片、切丁；扁魚剪小片
加工食品（素）	桶筍泡水	加工食品（素）	桶筍切丁
加工食品（葷）	無	加工食品（葷）	無
蔬果類	紅蘿蔔去皮；洗淨大白菜，去老葉；馬鈴薯去皮；洗淨杏鮑菇；洗淨小黃瓜、大黃瓜；蔥去蒂頭尾葉；紅辣椒去頭尾；薑去皮；蒜頭去膜	蔬果類	紅蘿蔔切水花片、切滾刀塊、切丁；大白菜切大片；馬鈴薯切滾刀塊；杏鮑菇切丁；小黃瓜切丁；蔥切斜段，分出蔥白、蔥綠；紅辣椒切丁；薑切菱形片；蒜頭切片
肉類	洗淨大里肌肉；洗淨排骨	肉類	大里肌肉去筋膜切丁；排骨洗淨剁塊狀
蛋類	雞蛋洗淨	蛋類	雞蛋採三段式打蛋法備用
水產類	無	水產類	無

水花及盤飾參考 ▶ 依指定圖完成，可受公評並獲得普遍認同之美感。

指定水花（擇一）

指定盤飾（擇二）
▼ 大黃瓜、紅辣椒　　▼ 大黃瓜、紅辣椒　　▼ 小黃瓜

受評刀工示範圖檔

盤飾 	☑ 受評刀工 	非受評刀工 

220

❶ 馬鈴薯燒排骨 🍲 燒

作法：

1. 小排骨塊調味上漿，備用；芡水備妥。
2. 起油鍋至油溫約 150℃，將馬鈴薯、紅蘿蔔炸至熟透撈起備用；放入小排骨塊炸至金黃熟透，撈起瀝乾。（圖1）
3. 熱鍋加入 1 大匙沙拉油，爆香蔥白段、薑片、蒜片，加入小排骨塊炒勻，加入紅蘿蔔、馬鈴薯及調味料（除了香油），燒至軟透。（圖2～3）
4. 加入蔥綠段，以適量太白粉水勾薄芡收汁，起鍋前淋上香油即可。（圖4）

材料：

馬鈴薯 1 顆、紅蘿蔔 1/4 條、蔥 50g、薑 20g、蒜頭 10g、小排骨 300g

調味料：

醬油 2 大匙、糖 1 大匙、水 200cc、胡椒粉 1/2 小匙、米酒 1 小匙、香油 1 小匙

▶ 上漿：鹽 1/2 小匙、米酒 1 大匙、太白粉 1 大匙
▶ 芡水：太白粉 1 大匙、水 1 大匙

圖1 　　圖2 　　圖3 　　圖4

❷ 香菇蛋酥燜白菜　燜煮

作法：

1. 準備一鍋滾水，汆燙大白菜，燙熟撈起瀝乾。
2. 雞蛋採三段式打蛋法處理，打散備用；芡水備妥。
3. 起油鍋至油溫約 180°C，取蛋液用漏勺過濾成絲狀，滑入油鍋內，待上色後炸至金黃酥脆，撈起備用；加入扁魚片炸至金黃，注意不可炸焦，撈起瀝乾。（圖 1～2）
4. 熱鍋加入 1 大匙沙拉油，爆香蝦米、蒜片、香菇片，加入大白菜、扁魚片、紅蘿蔔水花片、蛋酥及調味料（除了烏醋）燜煮入味。（圖 3～4）
5. 加入烏醋，以適量太白粉水勾芡，盛入瓷盤即可。

材料：

蝦米 15g、乾香菇 4 朵、大白菜 1 個、紅蘿蔔 2/4 條、蒜頭 10g、扁魚 2 片、雞蛋 2 顆

調味料：

鹽 1 小匙、香油 1 大匙、醬油 2 大匙、胡椒粉 1 小匙、水 400cc、烏醋 1 大匙、糖 1 大匙

▶ 芡水：太白粉 1 大匙、水 1 大匙

圖 1　　圖 2　　圖 3　　圖 4

❸ 五彩杏菇丁　炒、爆炒

作法：

1. 大里肌肉丁調味上漿，備用；芡水備妥。
2. 準備一鍋滾水，汆燙香菇，撈起瀝乾。
3. 準備一鍋滾水，汆燙桶筍丁（去除酸味），撈起瀝乾。
4. 準備一鍋滾水，汆燙紅蘿蔔、杏鮑菇，撈起瀝乾；準備一鍋滾水，關火放入大里肌肉丁快速拌開，開火，燙熟後撈起瀝乾。（圖1）
5. 熱鍋加入1大匙沙拉油，爆香蒜片，加入其它材料、調味料（除了香油）爆炒，以適量太白粉水勾薄芡，起鍋前加入香油拌炒均勻即可。（圖2～4）

材料：

乾香菇2朵、桶筍1/2支、杏鮑菇1支、紅蘿蔔1/4條、小黃瓜1～2條、紅辣椒1條、大里肌肉150g、蒜頭10g

調味料：

鹽1小匙、糖1小匙、胡椒粉1/4小匙、水60cc、米酒1小匙、香油1大匙

▸ 上漿：鹽1/4小匙、米酒1小匙、太白粉1小匙

▸ 芡水：太白粉1大匙、水1大匙

圖1　　圖2　　圖3　　圖4

加強班 01

中餐烹調丙級完勝密技（葷食）

		國家圖書館出版品預行編目 (CIP) 資料
		中餐烹調丙級完勝密技（葷食）／鄭至耀，李舒羽著. -- 三版. -- 新北市：上優文化事業有限公司, 2025.09 224 面；21X29.7 公分. -- (加強班；1) ISBN 978-626-99639-5-9(平裝) 1.CST: 烹飪 2.CST: 食譜 3.CST: 考試指南 427　　　　　　　　　　　　　114012334

作　　　者	鄭至耀、李舒羽
總 編 輯	薛永年
美術總監	馬慧琪
文字編輯	蔡欣容
攝　　　影	蕭德洪
出 版 者	上優文化事業有限公司
	電話：(02)8521-3848
	傳真：(02)8521-6206
	Email：8521book@gmail.com
	（如有任何疑問請聯絡此信箱洽詢）
	網站：www.8521book.com.tw
印　　　刷	鴻嘉彩藝印刷股份有限公司
業務副總	林啟瑞 0988-558-575
總 經 銷	紅螞蟻圖書有限公司
	臺北市內湖區舊宗路二段 121 巷 19 號
	電話：(02)2795-3656
	傳真：(02)2795-4100
網路書店	www.books.com.tw 博客來網路書店
版　　　次	2025 年 09 月三版一刷
定　　　價	450 元

上優好書網　LINE 官方帳號　Facebook 粉絲專頁　YouTube 頻道

Printed in Taiwan
本書版權歸上優文化事業有限公司所有
翻印必究
書若有破損缺頁，請寄回本公司更換